高等院校程序设计系列教材

Python
实验指导与习题集
（第2版）

李建荣　王辉　编著

清华大学出版社
北京

内 容 简 介

本书共5章。第1章是实验指导,其中包含18个有趣的实验,是本书的主要内容。第2章给出大量练习题,不仅巩固了Python语言的基本语法,还大大拓展了读者的视野,同时也帮助读者为参加Python全国二级考试做准备。第3章给出第2章练习题的参考答案。针对《Python程序设计教材(第2版)》的课后练习题,本书在第4章中给出了参考答案。第5章为全国计算机等级考试二级Python语言程序设计考试大纲(2023年版)。附录总结了Python语言的编程规范。

本书立足于自学,在知识体系上尽量做到完备,采用了一批既简单又精炼的例子。本书可作为高等院校人工智能等相关专业的Python教材,也可作为Python爱好者的参考用书。

版权所有,侵权必究。举报: 010-62782989, beiqinquan@tup.tsinghua.edu.cn。

图书在版编目(CIP)数据

Python实验指导与习题集 / 李建荣,王辉编著.
2版. -- 北京:清华大学出版社,2024.8. -- (高等院校程序设计系列教材). -- ISBN 978-7-302-66917-3

I. TP311.561

中国国家版本馆CIP数据核字第2024ST4062号

责任编辑:袁勤勇　常建丽
封面设计:常雪影
责任校对:王勤勤
责任印制:沈　露

出版发行:清华大学出版社
网　　址:https://www.tup.com.cn, https://www.wqxuetang.com
地　　址:北京清华大学学研大厦A座
邮　　编:100084
社 总 机:010-83470000
邮　　购:010-62786544
投稿与读者服务:010-62776969, c-service@tup.tsinghua.edu.cn
质量反馈:010-62772015, zhiliang@tup.tsinghua.edu.cn
课件下载:https://www.tup.com.cn,010-83470236

印 装 者:三河市东方印刷有限公司
经　　销:全国新华书店
开　　本:185mm×260mm　　印　张:11　　字　数:247千字
版　　次:2020年12月第1版　2024年8月第2版　印　次:2024年8月第1次印刷
定　　价:48.00元

产品编号:105044-01

第2版前言

Python 语言诞生于 20 世纪 90 年代初,是当今世界上较流行的编程语言之一,也是数据分析、人工智能领域事实上的标准语言。2020 年和 2021 年,Python 连续两年被 TIOBE 官方评选为"年度编程语言"。本书是轻工业部"十四五"规划教材《Python 程序设计教程(第 2 版)》的配套教材,主教材已进行修订,辅助教材也需要进行相应的调整。Python 语言及其整个生态系统的飞速发展,再加上教材在使用过程中得到的反馈信息,这些因素也使得教程的重新修订成为必然。另外,后续课程又陆续提出新要求,如机器学习、图像处理、模式识别等。人工智能专业是一个新生事物,在办学过程中总会有这样或那样的调整,这在所难免。

不同于第 1 版使用的 Python 版本号 3.5.3,第 2 版教材使用的 Python 版本号为 3.7.9。本书作为《Python 程序设计教程(第 2 版)》的配套教材,共分 5 章。第 1 章是实验指导,其中包含 18 个有趣的实验,是本书的主要内容。第 2 章给出大量练习题,不仅巩固了 Python 语言的基本语法,还大大拓展了读者的视野,同时也帮助读者为参加 Python 全国二级考试做好知识储备。第 3 章是第 2 章练习题的参考答案。针对《Python 程序设计教材(第 2 版)》的课后练习题,本书在第 4 章中给出了参考答案。第 5 章为全国计算机等级考试二级 Python 语言程序设计考试大纲(2023 年版)。附录总结了 Python 语言的编程规范。

本书由教学经验丰富的一线教师编写,在编写过程中得到了领导、同事,特别是张中伟、张传雷、可婷、范海峰、吴超、刘建征、刘尧猛、赵婷婷、于文平、张亚男等教师的大力支持,在此深表感谢!书中个别素材来源于网络,在此对所用素材作者表示感谢。

由于时间仓促,再加上编者水平有限,书中难免存在一些疏漏或错误之处,敬请广大读者批评指正。

编　者
2023 年 11 月

第1版前言

Python 语言诞生于 20 世纪 90 年代初,是当今世界上较流行的编程语言之一。2018 年,Python 被 TIOBE 官方评选为"年度编程语言"。Python 语言在自动化重复任务、开发 Web 应用程序、构建机器学习模型、实现人工神经网络等方面,都有非常广泛的应用。研究人员、数学家和数据科学家尤其喜欢 Python,因为它有丰富且易于理解的语法和各种开源软件包。Python 的语法简单、易学,代码的可读性强。用 Python 编写的应用程序几乎可以在任何计算机上运行,包括 Windows 系统、macOS 系统和各种流行的 Linux 发行版本。

当前人工智能产业的发展如火如荼,作为新一轮产业变革的核心驱动力,人工智能催生了新技术、新产品、新产业,从而进一步引发经济结构的重大调整和变革,实现社会生产力的整体提升和质的飞跃。据全球咨询公司麦肯锡预测,到 2025 年,全球人工智能市场总产值将超过 1200 亿美元,人工智能将是众多智能产业发展的突破口。编者之所以在前言里提及人工智能,是因为与 C、C++、Java 等编程语言相比,Python 是最适合人工智能的编程语言。读者要想在人工智能领域发展,最好从学习 Python 语言开始。

本书作为《Python 程序设计教程》的配套教材,共分 5 章。第 1 章是实验指导部分,其中包含 16 个有趣的实验,是本书的主要内容。第 2 章给出了大量的练习题,不仅巩固了 Python 语言的基本语法,还大大拓展了读者的视野,同时也帮助读者为参加 Python 全国二级考试做好知识储备。第 3 章是第 2 章练习题的参考答案。针对《Python 程序设计教材》的课后练习题,本书在第 4 章中给出了参考答案。第 5 章为 Python 全国二级考试大纲。附录总结了 Python 语言的编程规范。

本书在编写过程中得到教研室同事的大力支持和鼎力相助,在此深表感谢!书中的部分素材来源于网络,在此对所用素材作者表示感谢。由于时间仓促,再加上编者水平有限,书中难免存在一些疏漏或错误之处,敬请广大读者批评指正。

编 者
2020 年 9 月

高等院校程序设计系列教材

目录

第1章 实验指导 ... 1

1.1 集成开发环境增加清屏功能 ... 1
1.2 使用扩展库安装工具 pip ... 4
1.3 使用打包工具 PyInstaller 模块 ... 7
1.4 函数的定义与使用 ... 9
1.5 使用模块 python-docx 读写 Word 文件 ... 11
1.6 使用 os 内置模块操作文件和文件夹 ... 15
1.7 使用集成开发环境调试代码 ... 19
1.8 使用 unittest 模块进行单元测试 ... 22
1.9 编程实现猜数字游戏 ... 25
1.10 使用 wordcloud 模块制作词云 ... 28
1.11 使用 turtle 标准库绘制一个红色正五角星 ... 33
1.12 使用 Beautiful Soup 4 模块解析网页 ... 36
1.13 使用 re 正则表达式模块 ... 40
1.14 使用 MySQL 数据库管理系统 ... 43
1.15 使用 tkinter 模块设计图形用户界面 ... 48
1.16 使用代码编辑器 Jupyter Notebook ... 52
1.17 使用数据分析工具 Pandas 模块 ... 56
1.18 使用 Matplotlib 模块绘制图形 ... 62

第2章 练习题 ... 66

2.1 填空题 ... 66
2.2 单选题 ... 78
2.3 简答题 ... 84
2.4 编程题 ... 89

第3章 练习题参考答案 ... 97

3.1 填空题参考答案 ... 97

3.2 单选题参考答案 108
3.3 简答题参考答案 108
3.4 编程题参考答案 114

第4章 教材参考答案   137

练习题 1 137
练习题 2 137
练习题 3 139
练习题 4 140
练习题 5 142
练习题 6 143
练习题 7 146
练习题 8 148
练习题 9 149
练习题 10 150
练习题 11 153
练习题 12 155
练习题 13 157
练习题 14 159

第5章 全国计算机等级考试二级 Python 语言程序设计考试大纲(2023 年版)   164

附录 编程规范   167

参考文献   168

第 1 章 实验指导

1.1 集成开发环境增加清屏功能

一、实验目的

(1) 掌握 Python 解释器的安装。
(2) 进一步熟悉 Python 解释器自带的集成开发环境(IDLE)。

二、实验环境

Windows 10 操作系统、Python 3.7.9 解释器、ClearWindow.py 文件。

三、实验内容

(1) 下载并安装 Python 3.7.9 解释器。
(2) 为交互式 IDLE 添加清屏菜单项。

四、背景知识介绍

Python 解释器的体量非常小,一般为 25～30MB,下载网址为 https://www.python.org/downloads。根据所用操作系统的类型,选择 Python 解释器的版本。本书使用 64 位的 Python 3.7.9 版本 python-3.7.9-amd64.exe。Python 官网提供的下载界面如图 1-1 所示。

图 1-1 Python 官网提供的下载界面

集成开发环境(Integrated Development Environment,IDE)是 Python 解释器自带的程序运行环境,它能即时响应用户的输入代码,并输出执行结果[①]。这种方式一般适用于逐行调试代码。IDLE 有两种使用方式,分别是交互式和文件式,如图 1-2 和图 1-3 所示。交互式 IDLE 自身没有提供类似于 Windows 命令提示符下的清屏命令 cls(clear screen),使用起来很不方便。

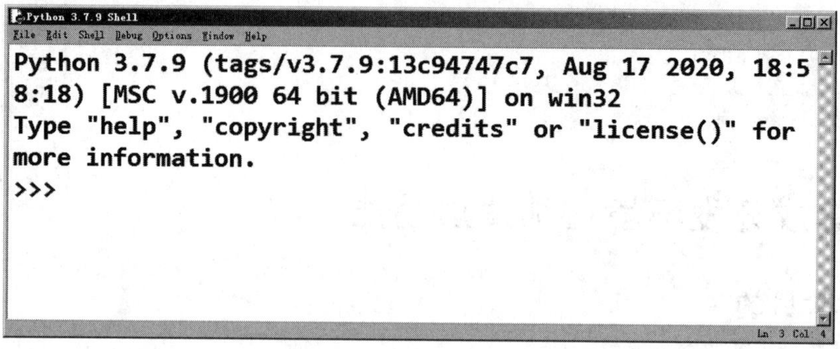

图 1-2 交互式 IDLE

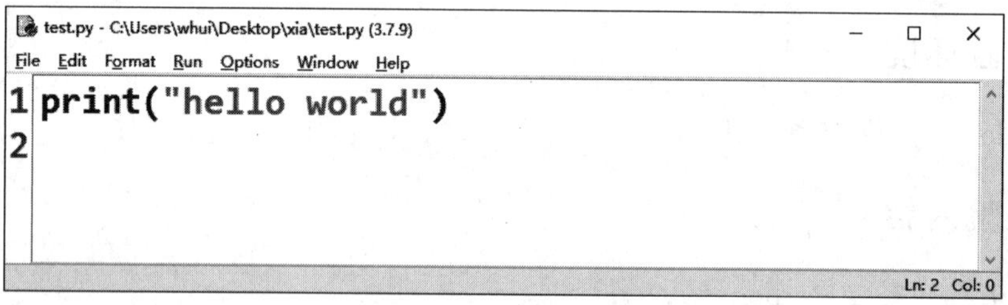

图 1-3 文件式 IDLE

五、 实验步骤

(1) 根据所用操作系统的类型,选择 Python 解释器的版本,下载相应的 Python 可执行程序。

(2) 安装 Python 解释器时会启动引导过程,以 Windows 操作系统为例,该引导过程如图 1-4 所示。在该界面中,请勾选"Add Python 3.7 to PATH"复选框。

(3) 安装成功界面如图 1-5 所示。

(4) 从互联网上下载 ClearWindow.py 文件(本书配套资源里有这个文件),将该文件放到 Python 安装路径下的 Lib\idlelib 文件夹中,用记事本打开当前文件夹下的 config-extensions.def 文件,在该文件的末尾添加以下几行配置代码:

[ClearWindow]
enable=1

[①] 在 IDLE 提示符">>>"的后面输入代码,按 Enter 键即可执行代码。

图 1-4　安装引导界面

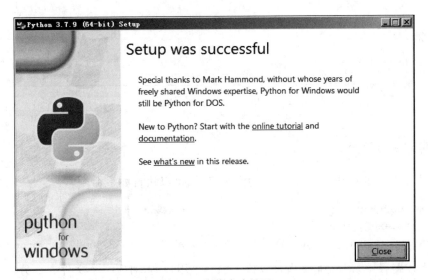

图 1-5　安装成功界面

```
enable_editor=0
enable_shell=1
[ClearWindow_cfgBindings]
clear-window=<Control-Key-l>
```

上述配置代码，不需要手动输入，ClearWindow.py 文件包含此段代码，如图 1-6 所示，打开该文件并复制即可。保存 config-extensions.def 文件，重启 IDLE 后会发现 IDLE 的 Options 菜单中增加了一个清屏菜单项，如图 1-7 所示。注意：在图 1-7 中，编者将清屏快捷键进行了修改，由原来的"Control-Key-l"修改为"Control-;"。每当需要清屏时，同时按 Ctrl 和分号键";"即可。

```
Add these lines to config-extensions.def

[ClearWindow]
enable=1
enable_editor=0
enable_shell=1
[ClearWindow_cfgBindings]
clear-window=<Control-Key-1>
```

图 1-6　文件 ClearWindow.py 的部分内容

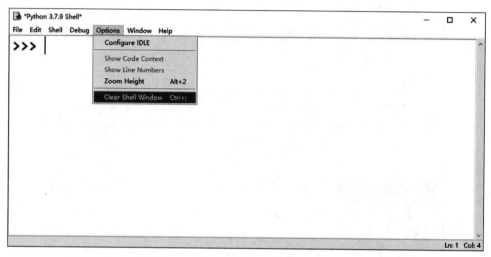

图 1-7　Options 菜单中的清屏菜单项

六、实验提示

如果读者不知道 Python 解释器的安装路径，可以执行如下命令：

```
>>> import sys                              #加载 sys 模块
>>> sys.executable
'C:\\Users\\whui\\AppData\\Local\\Programs\\Python\\Python37\\pythonw.exe'
```

在上述路径中，whui 是编者计算机上的一个用户名，对应一个文件夹。另外，读者还要注意，在操作系统中有些目录在默认情况下是隐藏的，不显示出来，需要设置文件夹选项。

1.2　使用扩展库安装工具 pip

一、实验目的

熟练掌握 Python 扩展库安装工具 pip 的使用。

二、实验环境

Windows 10 操作系统和 Python 3.7.9 解释器。

三、实验内容

（1）总结 Python 扩展库安装工具 pip 的使用。

（2）使用 pip 安装 jieba 模块，并学会使用该模块。

四、背景知识介绍

pip(package installer for Python)是管理 Python 扩展库的重要工具，使用它不仅可以查看本机已安装的 Python 扩展库列表，还可以安装、升级和卸载 Python 扩展库。pip 命令的使用如表 1-1 所示。pip 命令是在 Windows 命令提示符 cmd[①] 下使用的，而且要切换到 Python 解释器所在目录的 Scripts 文件夹下。如果读者不知道 Python 解释器的安装路径，可以执行下列命令：

```
>>> import sys                    #加载 sys 模块
>>> sys.executable
'C:\\Users\\whui\\AppData\\Local\\Programs\\Python\\Python37\\pythonw.exe'
```

表 1-1 pip 命令的使用

命　　令	功 能 说 明
pip install module	安装模块 module
pip list	列出本机已安装的所有模块
pip install --upgrade module	升级模块 module，--upgrade 可用-U 代替
pip uninstall module	卸载模块 module
pip download module	下载但不安装模块 module
pip show module	罗列出第三方模块 module 的详细信息
pip search 关键词	根据"关键词"在 https://pypi.org 上搜索扩展库

jieba 是一个优秀的中文分词第三方库。中文文本需要经过分词步骤[②]，才能得到其中的词和词组：

```
>>> import jieba                  #加载 jieba 模块
>>> text = "You have to believe in yourself. That is the secret of success."
```

上面是卓别林的一句名言：你必须相信自己，这是成功的秘诀。

```
>>> jieba.lcut(text)
['You', ' ', 'have', ' ', 'to', ' ', 'believe', ' ', 'in', ' ', 'yourself', '.', ' ',
'That', ' ', 'is', ' ', 'the', ' ', 'secret', ' ', 'of', ' ', 'success', '.']
```

---

① cmd 代表 command 命令。

② 在英文句子中，词与词之间有空格间隔，因此不需要进行分词。

五、实验步骤

（1）在 Windows 命令提示符 cmd 下，使用 pip 或 pip -h 命令查看 pip 的使用方法，如图 1-8 所示。

图 1-8　查看 pip 命令的帮助信息

（2）由上述帮助信息，可以总结出 pip 的使用说明，如表 1-1 所示。

（3）查看本机已安装模块的列表，可使用命令：

pip list

（4）查看 jieba 模块的介绍，可使用命令：

pip show jieba

（5）安装 jieba 模块，可使用命令：

pip install jieba

（6）使用 jieba 模块的 lcut()函数，将"中国是一个伟大的国家"进行分词：

\>>> jieba.lcut("中国是一个伟大的国家")
['中国', '是', '一个', '伟大', '的', '国家']

六、实验提示

（1）打开命令提示符 cmd 的快捷方式：同时按 Windows 徽标和 R 键，弹出"运行"对话框，如图 1-9 所示，在该对话框中输入命令 cmd，按 Enter 键即可。

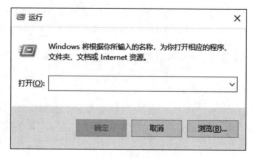

图 1-9　"运行"对话框

（2）使用 pip 命令时，必须将命令提示符 cmd 切换至 Python 可执行程序所在目录的 Scripts 文件夹下。

（3）jieba 模块中还包含很多其他函数/方法，可用下列命令查看：

```
>>> import jieba
>>> help(jieba)
```

（4）jieba 库的常用函数如表 1-2 所示。

表 1-2　jieba 库的常用函数

函　　数	功　能　描　述
jieba.lcut(s)	精确模式，返回一个列表类型的分词结果
jieba.lcut(s, cut_all=True)	全模式，返回一个列表类型的分词结果，存在冗余
jieba.lcut_for_search(s)	搜索引擎模式，返回一个列表类型的分词结果，存在冗余
jieba.add_word(w)	把新词 w 添加到词典中

（5）snownlp 模块也支持中文分词。

1.3　使用打包工具 PyInstaller 模块

一、实验目的

掌握一种或多种工具，能将 Python 源程序打包，变成可执行程序。

二、实验环境

Windows 10 操作系统、Python 3.7.9 解释器和 PyInstaller 扩展库。

三、实验内容

将一个 Python 源程序 demo.py，用 PyInstaller 打包变成可执行程序。

四、背景知识介绍

PyInstaller 是一个十分有用的 Python 扩展库，其网址为 http://www.pyinstaller.org/。它能在 Windows、Linux 等操作系统下，将扩展名为 py 的 Python 源程序打包变成可执行程序。通过对源程序文件打包，Python 程序可以在没有安装 Python 环境的系统中运行。PyInstaller 扩展库需要在命令提示符下使用 pip 命令安装：

```
pip install pyinstaller
```

使用 PyInstaller 打包 Python 源程序文件非常简单，使用方法如下：

```
pyinstaller <源程序文件名>
```

执行上述代码,在源文件所在目录中将增加 dist[1] 和 build 两个文件夹,其中,build 目录是 PyInstaller 存储临时文件的目录,可以将其删除。最终生成的可执行程序在 dist 文件夹内,并且与源程序文件同名,dist 文件夹中的其他文件是可执行文件的动态链接库 (Dynamic Link Library,DLL)[2]。如果使用-F 选项,则 PyInstaller 只生成一个独立的可执行文件:

```
pyinstaller -F hello.py
```

执行上述代码,在 dist 文件夹中只生成一个 hello.exe 文件,而不生成任何其他的依赖库。除-F 选项,PyInstaller 模块还支持其他选项,如表 1-3 所示。

表 1-3 PyInstaller 常用选项及其含义

选 项	含 义
-h, --help	查看帮助
--clean	清理打包过程中产生的临时文件
-D, --onedir	默认值,生成 dist 文件夹
-F, --onefile	在 dist 文件夹中只生成一个独立的可执行文件
-i <图标文件名.ico>	指定生成的可执行程序所使用的图标

下面通过示例介绍 Python 内置函数 int()和 input()的用法。

```
>>> int(5.2)
5
>>> int(5.9)                              #函数 int()不进行四舍五入,只取整数部分
5
>>> s = input("输入一个数:")               #函数 input()的参数是一条提示信息
输入一个数:5.6
>>> s
'5.6'
```

无论用户输入的内容是什么,input()函数都会以字符串的形式返回输入的内容。

五、实验步骤

(1) 编写程序 demo.py,该程序用于判断用户输入的数是否为素数。

```
num = int(input("输入一个数:"))
if num > 1:
    for i in range(2, num):
        if (num % i) == 0:
            print(num, "不是一个素数")
```

---

[1] dist 是 distribution 的简写形式,意思是发行。
[2] 动态链接库是微软公司在微软 Windows 操作系统中实现共享函数库的一种方式。

```
            break
        else:
            print(num, "是一个素数")            #注意该 else 与 for 循环配对
else:
    print(num, "不是一个素数")
input()
```

(2) 在 demo.py 源程序所在的目录下,运行命令提示符,执行下列命令:

```
pyinstaller -F demo.py
```

执行完上述命令后可以发现,在源程序所在目录下,自动生成了两个文件夹 dist 和 build。

(3) 在 dist 文件夹中,双击可执行程序 demo.exe,程序运行情况如图 1-10 所示。

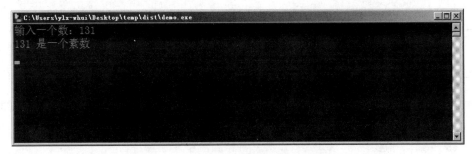

图 1-10 程序 demo.exe 的运行情况

(4) 在图 1-10 中,按 Enter 键退出程序的运行。

六、 实验提示

(1) 理解源程序 demo.py 中最后一个语句 input() 的作用。

(2) 尝试修改程序代码,使其变成一个无限循环程序,直至用户输入字母 n(不区分大小写)结束循环。

(3) 使用 PyInstaller 库时,要注意文件路径中不能出现空格和英文句号。

(4) 除 PyInstaller 扩展库外,还可以使用模块 py2exe 对 Python 源程序进行打包。

1.4 函数的定义与使用

一、 实验目的

(1) 理解模块化程序设计的基本思想。
(2) 灵活使用自定义函数解决生产实践问题。

二、 实验环境

Windows 10 操作系统和 Python 3.7.9 解释器。

三、实验内容

编写程序,从终端输入一个任意位数的整数,输出其各个数位上的数字之和。

四、背景知识介绍

在 Python 语言中,循环结构包括 for 循环和 while 循环,这两种循环都有一个可选的 else 分支。当 for 或 while 循环正常结束时,程序会继续执行 else 分支中的语句。for 循环适用于循环次数已知的情况;而 while 循环适用于循环次数未知的情况。break 语句能提前结束包含它的 for 循环或 while 循环的执行过程;continue 语句只是提前结束当前循环的执行过程,直接进入下一轮循环。

除法运算和求余运算的运算规则和意义,如表 1-4 所示。

表 1-4　除法运算和求余运算

运算符	类别	意义	示例	说　　明
/	二元	除法	a / b	求 a 除以 b 的商,结果为浮点数
%	二元	求余数	a % b	求 a 除以 b 的余数

```
>>> 3 / 2                        #与 C 语言的运算结果不同
1.5
>>> 4 / 2                        #与 C 语言的运算结果不同
2.0
>>> 5 % 2
1
>>> 8 % 3
2
```

函数(Function)是执行计算的命名语句序列。将一段代码封装为函数并在需要的位置进行调用,不仅可以实现代码的重复使用,更重要的是可以保证代码完全一致。Python 语言使用关键字 def 定义函数。

五、实验步骤

(1) 从终端接收一个整数:

```
num = int(input("请输入一个整数:"))
```

(2) 自定义函数 calc_sum():

```
def calc_sum(num):
    total = 0
    while(num != 0):
        total += num % 10
        #注意使用函数 int()将 num/10 的计算结果转换为整数
```

```
        num = int(num / 10)
    return total
```

(3) 调用函数 calc_sum()并输出结果：

```
print(calc_sum(num))
```

上述代码的一次执行结果：

```
请输入一个整数:513
9
```

六、实验提示

(1) 本实验的难点在于，从终端输入的整数其位数是不确定的。

(2) 尝试修改程序代码，使其变成一个无限循环程序，直至用户输入字母 n(不区分大小写)结束循环。

(3) 解决一个实际问题，通常有很多种方法，多探索、多尝试对掌握知识更有帮助。

完整的程序源代码如下：

```
#自定义函数 calc_sum()
def calc_sum(num):
    total = 0
    while(num != 0):
        total += num % 10
        #注意使用函数 int()将 num/10 的计算结果转换为整数
        num = int(num / 10)
    return total

if __name__[①]== '__main__':
    #从终端接收一个整数
    num = int(input("请输入一个整数:"))
    print(calc_sum(num))
```

1.5 使用模块 python-docx 读写 Word 文件

一、实验目的

(1) 掌握使用模块 python-docx 读写 Word 文件的方法。

(2) 进一步体会 Python 语言的强大功能。

二、实验环境

Windows 10 操作系统、Python 3.7.9 解释器和模块 python-docx。

---

① Python 源程序直接运行时其__name__属性的值等于__main__。

三、实验内容

（1）使用模块 python-docx 写 Word 文件，具体内容包括创建 Word 空白文档、添加标题、添加段落、添加表格、添加图片等。

（2）使用模块 python-docx，读取一个 Word 文件中的文本内容。

四、背景知识介绍

模块 python-docx 允许创建 Word 新文档以及对现有文档进行更改。在 Word 文档中，常用的段落样式有以下 3 种。

（1）Intense Quote；

（2）列表符号 List Bullet；

（3）列表编号 List Number。

上述段落样式的实际效果，读者可能并不熟悉。请一边阅读实验步骤，一边对照图 1-11 中的代码执行结果。最终得到的 Word 文档如图 1-11 所示。

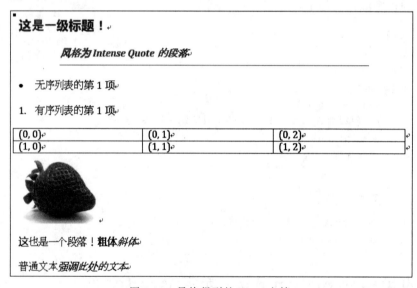

图 1-11　最终得到的 Word 文档

五、实验步骤

（1）安装模块 python-docx：

```
pip install python-docx
```

（2）加载 python-docx 的子模块 Document：

```
from docx import Document
```

（3）加载模块 Inches，以便指定插入图片的长度或宽度：

```
from docx.shared import Inches
```

(4) 使用函数 Document()，创建一个 Word 空白文档：

```
document = Document()
```

(5) 使用方法 add_heading()，添加一条标题：

```
document.add_heading("这是一级标题!", level=1)
```

其中，参数 level 的取值为 1~9 的整数。实际上 level 可以等于 0，此时创建一个标题段落，读者可以试一试。

(6) 使用方法 add_paragraph()，添加一个段落，其样式为 Intense Quote：

```
document.add_paragraph("风格为 Intense Quote 的段落", style='Intense Quote')
```

(7) 使用方法 add_paragraph()，添加一个段落，其样式为 List Bullet：

```
document.add_paragraph('无序列表的第1项', style='List Bullet')
```

(8) 使用方法 add_paragraph()，添加一个段落，其样式为 List Number：

```
document.add_paragraph('有序列表的第1项', style='List Number')
```

(9) 使用方法 add_table()，添加一个两行三列的表格：

```
table = document.add_table(rows=2, cols=3)
```

(10) 使用表格对象的属性 style，指定表格样式：

```
table.style = ' Table Grid '
```

(11) 依次为 6 个单元格赋值：

```
for r in range(len(table.rows)):
    for c in range(len(table.columns)):
        table.cell(r, c).text = '(%d, %d)' % (r, c)
```

(12) 使用方法 add_picture()，添加一张图片，指定该图片的宽度为 1.25 英寸（1 英寸 ＝2.54 厘米）：

```
document.add_picture("strawberry.jpg", width=Inches(1.25))
```

(13) 使用方法 add_run()，指定设置粗体/斜体的文字内容：

```
paragraph2 = document.add_paragraph('这也是一个段落!')
run = paragraph2.add_run('粗体')          #指定设置粗体的文字内容
run.bold = True                           #设置为粗体
run = paragraph2.add_run('斜体')          #指定设置斜体的文字内容
run.italic = True                         #设置为斜体
```

(14) 使用方法 add_run()，指定设置字符样式的文字内容：

```
paragraph4 = document.add_paragraph('普通文本')
run = paragraph4.add_run('强调此处的文本')
run.style = 'Emphasis'
```

(15) 使用方法 add_page_break(),添加一个分页符:

```
document.add_page_break()
```

(16) 使用方法 save(),保存该 Word 文件为"demo.docx":

```
document.save('demo.docx')
```

六、实验提示

(1) 模块 python-dox 中的内容还有很多,限于篇幅,在此不再介绍,感兴趣的读者,请参考官网 https://python-docx.readthedocs.io/en/latest/index.html。

(2) 在上述实验步骤中,只给出如何创建一个 Word 文档的步骤。下面给出读取该 Word 文档中文本内容的简单代码:

```
from docx import Document

doc = Document('demo.docx')              #生成文档对象 doc
all_paras = doc.paragraphs                #得到文档 doc 中的所有段落
for para in all_paras:
    print(para.text)                      #输出段落 para 中的文本内容
    print("-----")                        #在段落的文本内容之间,添加-----
```

上述代码的执行结果,如图 1-12 所示。

```
这是一级标题!
-----
风格为Intense Quote的段落
-----
无序列表的第1项
-----
有序列表的第1项
-----

-----
这也是一个段落!粗体斜体
-----
普通文本强调此处的文本
-----


-----
```

图 1-12 读取 demo.docx 文件中的文本内容

完整的程序源代码如下:

```
#加载 python-docx 的子模块 Document
from docx import Document
```

```python
#加载模块 Inches,以便指定插入图片的长度或宽度
from docx.shared import Inches
#使用函数 Document(),创建一个 Word 空白文档
document = Document()
#使用方法 add_heading(),添加一条标题
document.add_heading("这是一级标题!", level=1)
#使用方法 add_paragraph(),添加一个段落,其样式为 Intense Quote
document.add_paragraph("风格为 Intense Quote 的段落", style='Intense Quote')
#使用方法 add_paragraph(),添加一个段落,其样式为 List Bullet
document.add_paragraph('无序列表的第 1 项', style='List Bullet')
#使用方法 add_paragraph(),添加一个段落,其样式为 List Number
document.add_paragraph('有序列表的第 1 项', style='List Number')
#使用方法 add_table(),添加一个两行三列的表格
table = document.add_table(rows=2, cols=3)
#使用表格对象的属性 style,指定表格样式
table.style = 'Table Grid'
#依次为 6 个单元格赋值
for r in range(len(table.rows)):
    for c in range(len(table.columns)):
        table.cell(r, c).text = '(%d, %d)' % (r, c)
#使用方法 add_picture(),添加一张图片,指定该图片的宽度为 1.25 英寸
document.add_picture("strawberry.jpg", width=Inches(1.25))
#使用方法 add_run(),指定设置粗体/斜体的文字内容
paragraph2 = document.add_paragraph('这也是一个段落!')
run = paragraph2.add_run('粗体')        #指定设置粗体的文字内容
run.bold = True                         #设置为粗体
run = paragraph2.add_run('斜体')        #指定设置斜体的文字内容
run.italic = True                       #设置为斜体
#使用方法 add_run(),指定设置字符样式的文字内容
paragraph4 = document.add_paragraph('普通文本')
run = paragraph4.add_run('强调此处的文本')
run.style = 'Emphasis'
#使用方法 add_page_break(),添加一个分页符
document.add_page_break()
#使用方法 save(),保存该 Word 文件为 demo.docx
document.save('demo.docx')
```

1.6 使用 os 内置模块操作文件和文件夹

一、实验目的

(1) 熟练掌握一种或多种工具,进行文件或文件夹方面的操作。

(2) 进一步体会 Python 语言强大的功能。

二、实验环境

Windows 10 操作系统、Python 3.7.9 解释器和内置模块 os。

三、实验内容

使用 Python 语言的内置模块 os,完成下列操作:
(1) 列出指定目录下的文件和子文件夹;
(2) 创建多级目录;
(3) 搜索与指定模式相匹配的文件;
(4) 删除指定的文件和文件夹;
(5) 文件重命名。

四、背景知识介绍

假定当前目录下有一个文件夹 my_directory,其包含的文件和子文件夹如下:

```
my_directory/
    |-- sub_dir_a/
        |-- file1.py
    |-- sub_dir_b/
        |-- file2.py
    |-- file3.py
    |-- file4.py
```

怎样获取文件夹 my_directory 下的所有文件和子文件夹列表呢?本实验使用 Python 语言的内置模块 os,完成与文件和文件夹有关的操作。内置模块 os 提供的属性和方法如表 1-5 所示。

表 1-5 内置模块 os 提供的属性和方法

属性	curdir、sep
方法	chdir()、chmod()、close()、dup()、getcwd()、link()、listdir()、makedirs()、mkdir()、open()、remove()、rmdir()、rename()、scandir()、unlink()、walk()

五、实验步骤

(1) 列出 my_directory 文件夹下的所有文件:

```python
import os

entries = os.scandir("my_directory")
for entry in entries:
    if entry.is_file():
        print(entry.name)
```

执行上述代码的输出结果：

```
file3.py
file4.py
```

（2）列出 my_directory 文件夹下的子文件夹：

```
import os

entries = os.scandir("my_directory")
for entry in entries:
    if entry.is_dir():
        print(entry.name)
```

执行上述代码的输出结果：

```
sub_dir_a
sub_dir_b
```

（3）使用方法 os.makedirs() 创建多级目录结构：

```
import os
os.makedirs("2022/6/13")
```

当指定的目录已存在时，会引发 FileExistsError 异常，因此最好将此类操作放在 try-except 异常处理语句中。

（4）使用方法 glob[①].glob()，搜索与指定模式相匹配的文件：

```
>>> import glob
>>> import glob
>>> for file_name in glob.glob("*.p*"):
    print(file_name)
```

执行上述代码，其输出结果类似于：

```
demo.py
lion.png
```

（5）使用方法 os.unlink() 删除文件：

```
import os

file_name = "demo.txt"
try:
    os.unlink(file_name)
except FileNotFoundError as ex:
    print(file_name, "错误信息：", ex.strerror)
```

---

① glob 是 Python 语言的内置模块，主要用于查找符合特定规则的目录和文件。

执行上述代码的输出结果：

demo.txt 错误信息：系统找不到指定的文件。

（6）使用方法 os.rmdir()，删除单个文件夹，若文件夹非空则抛出异常 OSError：

```
import os

try:
    os.rmdir("demo")
except OSError as ose:
    print(ose)
```

上述代码的执行结果：

[WinError 2] 系统找不到指定的文件。: 'demo'

（7）使用方法 os.rename()，实现文件重命名：

```
>>> os.rename("demo.txt", "demo_01.txt")
```

执行上述代码后，当前文件夹下的 demo.txt 文件，被重命名为 demo_01.txt。

（8）使用 os.path.join()方法，将文件夹 temp\2022 与文件 demo.py 拼接在一起，并判断该文件是否存在：

```
file_name = os.path.join(r"temp\2022", "demo.py")    #注意 r 修饰符
if os.path.exists(file_name):
    print(file_name, "文件存在")
else:
    print(file_name, "文件不存在")
```

上述代码的执行结果：

temp\2022\demo.py 文件不存在

六、实验提示

（1）除模块 os 外，操作文件和文件夹的模块还有 pathlib、shutil 等，这些都是 Python 语言的内置模块[①]。

（2）读者要根据任务的性质，选择使用适当的模块。

（3）查看标准库 os 的详细使用说明，使用如下命令：

```
>>> import os
>>> help(os)
```

[①] Python 语言的标准库，存放在其安装目录下的 Lib 文件夹中。

1.7 使用集成开发环境调试代码

一、实验目的

熟练掌握一种或多种工具进行代码调试,以便查找程序中出现的错误。

二、实验环境

Windows 10 操作系统、Python 3.7.9 解释器和集成开发环境。

三、实验内容

使用 Python 语言自带的集成开发环境(IDLE),对如下代码进行调试:

```
from tkinter import *
from tkinter import messagebox

def validate():
    if user.get() == 'admin' and password.get() == '1234':
        messagebox.showinfo("恭喜", "登录成功")
    else:
        messagebox.showerror("遗憾", "登录失败")

root = Tk()
top_canvas = Canvas(root)
Label(top_canvas, text="用户名:", width=6).pack(side=LEFT)
user = Entry(top_canvas)
user.pack(side=LEFT)
user.focus_set()
top_canvas.pack(anchor=N, expand=YES, fill=X, padx=5, pady=5)

middle_canvas = Canvas(root)
Label(middle_canvas, text="密码:", width=6).pack(side=LEFT)
password = Entry(middle_canvas, show="*")
password.pack(side=LEFT)
middle_canvas.pack(anchor=N, expand=YES, fill=X, padx=5, pady=5)

bottom_canvas = Canvas(root)
Button(bottom_canvas, text="提交", width=10, command=validate).pack()
bottom_canvas.pack(anchor=N, expand=YES, fill=X, padx=5, pady=5)
root.mainloop()
```

四、背景知识介绍

在调试模式下,使用图 1-13 中的 5 个工具按钮进行代码调试,这 5 个按钮分别是

Go、Step、Over、Out 和 Quit，它们的功能如下。

（1）Go：跳至断点；

（2）Step：进入函数；

（3）Over：单步执行；

（4）Out：跳出函数；

（5）Quit：结束调试。

勾选图 1-13 中的 Source 复选框，将源代码窗口（见图 1-14）与调试控制台（见图 1-13）并列放置，调试代码的效果会更好。

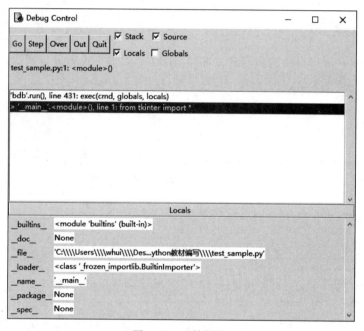

图 1-13　开始调试

图 1-14　使用 IDLE 打开 Python 源程序

五、实验步骤

使用 IDLE 打开 Python 源程序，如图 1-14 所示。

(1) 在图 1-14 的菜单栏中选择 Run→Python Shell 命令,弹出一个交互式 IDLE 窗口,如图 1-15 所示,在该窗口中选择 Debug→Debugger 命令,打开调试控制台(Debug Control),如图 1-16 所示。

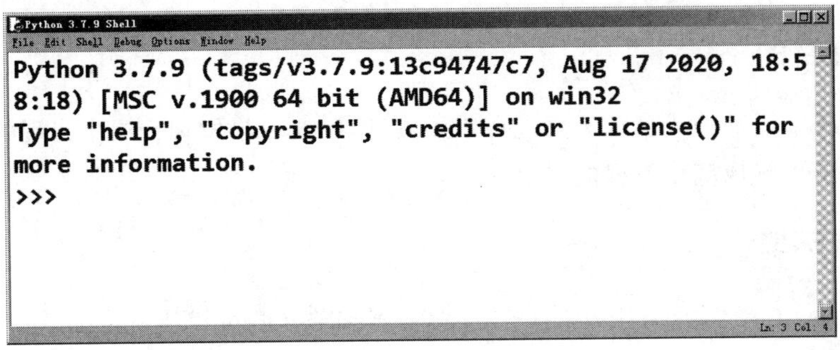

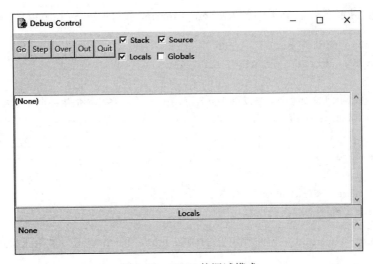

图 1-15　交互式 IDLE 窗口

图 1-16　IDLE 的调试模式

(2) 在图 1-14 的源程序中设置断点(Breakpoint),右击源程序中的某一行,在弹出的快捷菜单中选择 Set Breakpoint 选项,该行代码变为黄色。

(3) 在图 1-14 的菜单栏中选择 Run→Run Module 命令,进入源程序的调试模式,如图 1-13 所示。

(4) 交替使用图 1-13 中的 5 个工具按钮 Go、Step、Over、Out 和 Quit 进行代码调试。

六、实验提示

(1) 代码调试(Debugging)有以下 3 种使用场景。

① 代码编译/翻译时出现错误,这通常是由语法错误引起的;

② 代码运行时发生错误;

③ 虽然代码能正常执行,但是得到的输出结果与预期结果不符。

(2) 除 IDLE 外,还可以使用 pdb 等第三方扩展库进行代码调试。

1.8 使用 unittest 模块进行单元测试

一、实验目的

(1) 熟练掌握一种或多种工具进行单元测试,以便尽早发现程序中出现的 bug。
(2) 初步了解规范化编程的重要性。

二、实验环境

Windows 10 操作系统、Python 3.7.9 解释器和单元测试模块 unittest[①]。

三、实验内容

假如当前目录下有一个文件名为 name_function.py 的 Python 源程序,其代码如下:

```
#文件名 name_function.py
def name_formatted(first_name, last_name):
    '''
    在姓和名中间添加一个空格以得到全名,然后将全名中各单词的第一个字母大写并返回。
    参数说明如下:
    first_name: 姓;
    last_name: 名。
    '''
    full_name = first_name + ' ' + last_name
    return full_name.title()
```

检验 name_function.py 文件中定义的函数 name_formatted() 是否正确。

四、背景知识介绍

代码测试包括单元测试(Unit Test)和集成测试(Integration Test)。通常先进行单元测试,测试通过后再进行集成测试。本实验只讲述单元测试,对集成测试感兴趣的读者请查阅相关资料。

Python 标准库中有一个单元测试模块 unittest,它包含测试代码的工具。测试用例(Test Case)是一组测试的集合。测试用例必须考虑一个函数从用户那里接收到的、所有可能的输入。以测试一个函数为例,下面给出创建测试用例的步骤。

(1) 创建测试文件;
(2) 加载单元测试模块 unittest;
(3) 定义测试类,该类继承自单元测试类 unittest;

[①] unittest 是 Python 语言的内置模块。

(4) 编写一系列方法来测试该函数行为的所有可能情况。

五、实验步骤

(1) 创建一个测试文件 test_name_function.py。
(2) 加载单元测试模块 unittest：

```
import unittest
```

(3) 加载被测函数 name_formatted()：

```
from name_function import name_formatted
```

(4) 定义测试类 NameTestCase，该类继承自单元测试类 unittest。
(5) 定义方法 test_first_last_name()，以测试函数 name_formatted() 所有可能的情况：

```
class NameTestCase(unittest.TestCase):
    def test_first_last_name(self):
        result = name_formatted("harry", "potter")
        self.assertEqual(result, "Harry Potter")

if __name__ == '__main__':
    unittest.main()
```

(6) 当执行上述定义的 test_name_function.py 测试程序时，以 test_ 开头的函数都将自动运行。执行上述代码，输出结果如图 1-17 所示。

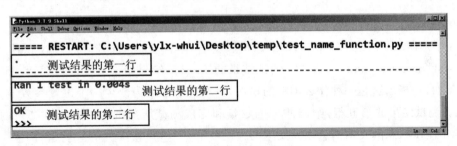

图 1-17　测试程序的输出结果(一)

(7) 在图 1-17 中，测试结果的第一行，点(.)代表成功，表明测试用例中有一个测试方法执行成功。测试结果的第二行，给出测试的数量和完成测试所需的时间。测试结果的第三行，给出测试状态的文本消息。

上面是单元测试成功的情况，单元测试失败时又会输出什么信息呢？

(8) 修改 name_formatted() 函数的定义，新增一个形式参数 middle_name：

```
def name_formatted(first_name, last_name, middle_name):
    '''
    在姓和名之间添加一个空格以得到全名，然后将全名中各单词的第一个字母大写并返回。
```

参数说明如下：
first_name: 姓；
last_name: 名；
middle_name: 中间名。
'''
full_name = first_name + ' ' + middle_name + ' ' + last_name
return full_name.title()
```

（9）源程序修改完毕，再次执行单元测试程序 test_name_function.py，代码的输出结果如图 1-18 所示。

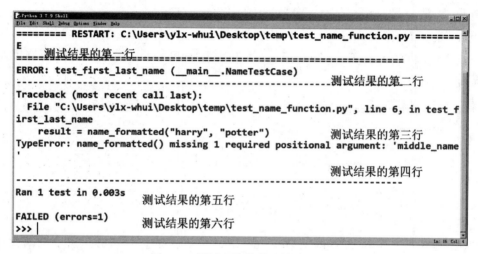

图 1-18　测试程序的输出结果（二）

（10）在图 1-18 中，测试结果的第一行，E 代表 Error（错误），表明测试用例中有一个测试发生了错误。测试结果的第二行，给出错误发生的类和方法，此处分别为 NameTestCase 类和 test_first_last_name() 方法。测试结果的第三行，给出错误发生的代码行。测试结果的第四行，指出这是一种什么类型的错误，在本例中是因为缺少一个位置参数 middle_name。测试结果的第五行，给出测试的数量和完成测试所需的时间。测试结果的第六行，给出测试状态的文本消息以及发生的错误数量。

由此可见，借助单元测试模块 unittest，程序员可以轻松获得很多测试信息。

（11）既然源程序有误，那么应该怎样修改源代码，使其对单元测试程序的影响最小呢？一个巧妙的办法是将必选参数 middle_name 更改为可选参数：

```
# 文件名 name_function.py
def name_formatted(first_name, last_name, middle_name=''):
    '''
    在名字和姓氏、姓氏和中间名之间各添加一个空格以得到全名，然后将全名中各单词的第一个字母大写并返回。
    参数说明如下。
    first_name: 名字；
```
```

```
        last_name:姓氏;
        middle_name:中间名,可选参数,默认值为空。
    '''
    if len(middle_name) > 0:
        full_name = first_name + ' ' + middle_name + ' ' + last_name
    else:
        full_name = first_name + ' ' + last_name
    return full_name.title()
```

再次执行单元测试程序 test_name_function.py,查看测试结果,此处省略具体代码。

六、实验提示

(1)当单元测试程序发生错误时,应当多花点时间修改源代码,而不是修改单元测试程序。在本实验中,函数 name_formatted()的定义最初只有两个形参,后来重写时又增加了一个形参 middle_name,这就导致函数预期行为改变。

(2)规范化编程为什么很重要呢?因为程序最终还是要给人阅读的。当对代码进行维护、升级,或被别的程序员拿来学习时,代码的格式规范、可读性强就显得十分重要。晦涩难懂、格式凌乱的代码,会给阅读和理解带来极大困扰。请读者查阅资料,总结一些编程规范。

1.9 编程实现猜数字游戏

一、实验目的

(1)学习从基础异常类 Exception 派生新异常类的方法。
(2)学习借助异常,捕获程序中出现的错误。
(3)善于利用异常,巧妙设计程序。

二、实验环境

Windows 10 操作系统和 Python 3.7.9 解释器。

三、实验内容

巧妙利用自定义异常类,设计一个猜数游戏,程序的功能如下。
(1)提示用户反复输入一个整数,直至输入的整数等于程序中给定的魔术数为止。
(2)在没有猜中之前,提示用户其猜测值是大于还是小于魔术数。
(3)一旦猜中,立即结束程序的运行,并输出祝贺信息。

四、背景知识介绍

程序中的错误(Error)既可能发生在编译/翻译阶段,也可能发生在运行阶段。发生在运行阶段的错误,叫作异常(Exception)。在 Python 语言中,处理异常有 3 种方式,分别是 assert 断言语句、try-except 语句和 raise 语句。

下面自定义一个最简单的异常类 UserDefinedError：

```
>>> class UserDefinedError(Exception):
        pass                                     #其父类为 Exception
>>> raise UserDefinedError                       #抛出自定义异常 UserDefinedError
Traceback (most recent call last):
  File "<pyshell#3>", line 1, in <module>
    raise UserDefinedError
UserDefinedError
```

为自定义异常类 UserDefinedError 传递一个实参：

```
>>> raise UserDefinedError('An error occurred.')
Traceback (most recent call last):
  File "<pyshell#7>", line 1, in <module>
    raise UserDefinedError('An error occurred.')
UserDefinedError: An error occurred.
```

try-except 语句的完整形式如下：

```
try:
    在此处编写代码
except:
    如果发生异常,则执行此处的代码
else:
    如果没有发生异常,则执行此处的代码
finally:
    无论发生什么情况,都会执行此处的代码
```

五、实验步骤

(1) 自定义异常类 Error,其父类为 Exception 类：

```
class Error(Exception):
    """ 其他自定义异常类的基类 """
    pass
```

(2) 自定义异常类 TooSmallError：

```
class TooSmallError(Error):
    """ 当输入的整数小于魔术数时引发该异常 """
    pass
```

(3) 自定义异常类 TooLargeError：

```
class TooLargeError(Error):
```

```
    """ 当输入的整数大于魔术数时引发该异常 """
    pass
```

(4)定义魔术数：

```
magicNumber = 35
```

(5)定义一个无限循环：

```
while True:
    try:
        num = int(input("输入一个整数:"))
        if num < magicNumber:
            raise TooSmallError          #抛出 TooSmallError 异常
        elif num > magicNumber:
            raise TooLargeError          #抛出 TooLargeError 异常
        break                            #终止循环
    except TooSmallError:                #处理 TooSmallError 异常
        print("输入的整数太小,请重新输入:")
        print()                          #输出一个空行
    except TooLargeError:                #处理 TooLargeError 异常
        print("输入的整数太大,请重新输入:")
        print()                          #输出一个空行
print("恭喜!你猜对了。")
```

猜数游戏的运行结果如图 1-19 所示。

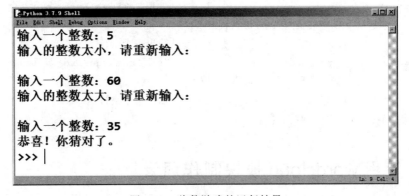

图 1-19　猜数游戏的运行结果

六、实验提示

这里有两点需要注意：

(1)一个异常处理结构可以没有 except 子句、else 子句或 finally 子句。

(2)try 语句不能单独使用,必须与 except 子句或 finally 子句配合使用。

完整的程序源代码如下：

```python
#自定义异常类 Error,其父类为 Exception 类
class Error(Exception):
    """ 其他自定义异常类的基类 """
    pass
#自定义异常类 TooSmallError:
class TooSmallError(Error):
    """ 当输入的整数小于魔术数时引发该异常 """
    pass
#自定义异常类 TooLargeError:
class TooLargeError(Error):
    """ 当输入的整数大于魔术数时引发该异常 """
    pass
#定义魔术数:
magicNumber = 35
#定义一个无限循环:
while True:
    try:
        num = int(input("输入一个整数:"))
        if num < magicNumber:
            raise TooSmallError            #抛出 TooSmallError 异常
        elif num > magicNumber:
            raise TooLargeError            #抛出 TooLargeError 异常
        break                              #终止循环
    except TooSmallError:                  #处理 TooSmallError 异常
        print("输入的整数太小,请重新输入:")
        print()                            #输出一个空行
    except TooLargeError:                  #处理 TooLargeError 异常
        print("输入的整数太大,请重新输入:")
        print()                            #输出一个空行
print("恭喜!你猜对了。")
```

1.10 使用 wordcloud 模块制作词云

一、实验目的

（1）使用 Python 语言的第三方库 wordcloud 制作词云。
（2）进一步体会 Python 语言的神奇之美。

二、实验环境

Windows 10 操作系统、Python 3.7.9 解释器、中文分词模块 jieba 和词云模块 wordcloud。

三、实验内容

（1）使用词云模块 wordcloud，将文本文件"新时代中国特色社会主义.txt"的内容以图片的形式展示出来。

（2）生成具有指定形状的词云，本实验以草莓形状为例。

四、背景知识介绍

wordcloud 是一款优秀的词云制作第三方库。词云以词语为基本单位，以概括性的方式直观而艺术地展示文本的内容。在命令提示符下，使用下列命令安装词云模块 wordcloud：

```
pip install wordcloud
>>> import wordcloud                           #加载 wordcloud 模块
>>> wc = wordcloud.WordCloud(background_color='white')
```

在上述代码中，将词云的背景色设置为白色。

```
>>> text = "You have to believe in yourself. That is the secret of success."
>>> wc.generate(text)                          #由文本 text 生成词云
>>> wc.to_file("wordcloud.png")                #将词云保存到文件 wordcloud.png
```

最终得到的英文词云，如图 1-20 所示。

与英文词云相比，生成中文词云需要增加一个分词步骤。另外，还要设置中文字体，否则会出现乱码。

```
>>> font_path = r"C:\Windows\Fonts\YouYuan.ttf"
```

上述代码给出了"幼圆"字体所在的路径。

```
>>> wc = wordcloud.WordCloud(font_path=font_path, background_color='white')
```

在上述代码中，指定词云对象 wc 的字体路径，同时将其背景色设置为白色。

```
>>> text = "中华民族是一个伟大的民族，我们的祖先用自己的勤劳和智慧创造了光辉灿烂的文化，为后人留下了宝贵的财富，为世界文明作出了卓越贡献。"
>>> word_list = jieba.lcut(text)               #将文本 text 分词
>>> text = ' '.join(word_list)                 #用空格分隔得到的词和词语
>>> wc.generate(text)                          #由文本 text 生成词云
>>> wc.to_file("wordcloud.png")                #将词云保存到文件 wordcloud.png
```

最终得到的中文词云，如图 1-21 所示。

图 1-20　英文词云

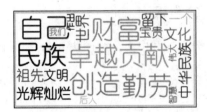

图 1-21　中文词云

词云制作通常需要经过如下 3 个步骤。

（1）配置词云参数；

（2）加载文本；

（3）输出词云图片。

```
wc = wordcloud.WordCloud(<参数>)          #生成词云对象 wc
```

下面讲解词云的主要参数：

font_path：字符串，字体文件的路径；默认值为 None。Windows 系统下使用某种中文字体的方法如下。

（1）准备好该中文字体；

（2）将其复制到文件夹 Lib\site-packages\wordcloud\；

（3）在源程序中将该字体文件的路径赋值给参数 font_path。

width：整数，词云图片的宽度；默认值为 400 像素。

height：整数，词云图片的高度；默认值为 200 像素。

ranks_only：布尔值，是否只用词频排序，而不用词频统计值；默认值为 False，即只用词频排序。

prefer_horizontal：浮点数，词语在水平方向出现的频率；默认值为 0.9，即水平方向出现的频率为 0.9。

mask：指定词云形状；默认值为长方形；需要加载 imread()函数。

```
>>>from scipy.misc import imread
>>>mk = imread("strawberry.jpg")
>>>wc = wordcloud.WordCloud(mask=mk)
```

scale：浮点数；默认值为 1；按照比例放大画布；当 scale 等于 1.5 时，表示词云图片的长度和宽度分别是原画布的长度和宽度的 1.5 倍。

max_words：整数，默认值为 200；指定词云显示词语的最大数量。

stopwords：元组，其元素为字符串，由英文单词、中文的词和词语等组成；指定词云排除词的列表，也就是说出现在该元组中的元素，不会出现在最终生成的词云中。

background_color：指定词云图片的背景色；默认值为黑色（black）。

max_font_size：整数，最大字体尺寸；默认值为 None，即最大字体尺寸为图片的高度。

五、实验步骤

（1）分别加载中文分词模块 jieba 和词云模块 wordcloud：

```
import jieba
import wordcloud
```

（2）读取文本文件"新时代中国特色社会主义.txt"：

```
with open("新时代中国特色社会主义.txt", encoding="utf-8") as fp:
    txt = fp.read()
```

(3)将字符串 txt 进行分词:

```
ls = jieba.lcut(txt)
```

(4)将列表 ls 中的元素(单词和词组)用一个空格拼接起来:

```
txt = " ".join(ls)
```

(5)生成一个词云对象 wc:

```
wc = wordcloud.WordCloud(
    width = 500,                        #词云图片的宽度为 500 像素
    height = 300,                       #词云图片的高度为 300 像素
    background_color = "white",         #词云图片的背景色为白色 white
    font_path = "msyh.ttc")             #字体文件为当前目录下的 msyh.ttc①。
```

(6)使用字符串 txt 生成词云:

```
wc.generate(txt)
```

(7)将生成的词云保存为当前文件夹下的 wordcloud.png 文件:

```
wc.to_file("wordcloud.png")
```

上述代码的执行结果如图 1-22 所示。

图 1-22 生成的词云

(8)将上述第(5)步中的代码用下列代码代替,生成草莓形状的词云。

```
from scipy.misc import imread
mk = imread("strawberry.jpg")
wc = wordcloud.WordCloud(
```

---

① msyh 为微软雅黑字体。

```
            font_path = "msyh.ttc",
            mask=mk)
```

实验中使用的草莓图片如图 1-23 所示。

图 1-23 草莓图片

代码的执行结果如图 1-24 所示。

图 1-24 生成草莓形状的词云

六、实验提示

（1）查看词云模块 wordcloud 的详细使用说明，请使用命令：

```
>>> import wordcloud                      #加载 wordcloud 模块
>>> help(wordcloud)
```

以此类推中文分词模块 jieba。

（2）使用下列命令：

```
from scipy.misc import imread
```

加载 imread() 函数时，有可能出现下列错误：

```
ImportError: cannot import name 'imread'
```

此时可以使用下列命令，将 pillow 包的版本降低为 6.1.0：

```
pip install pillow==6.1.0
```

如果错误依然存在，则将 scipy 包的版本降低为 1.2.1：

```
pip install scipy==1.2.1
```

完整的程序源代码如下。

```
#加载 jieba 和 wordcloud 模块
import jieba
import wordcloud
#读取文本文件"新时代中国特色社会主义.txt"
with open("新时代中国特色社会主义.txt", encoding="utf-8") as fp:
    txt = fp.read()
#将字符串 txt 进行分词
ls = jieba.lcut(txt)
#将列表 ls 中的元素(单词和词组)用一个空格拼接起来
txt = " ".join(ls)
#生成一个词云对象 wc
wc = wordcloud.WordCloud(
    width = 500,                            #词云图片的宽度为 500 像素
    height = 300,                           #词云图片的高度为 300 像素
    background_color = "white",             #词云图片的背景色为白色 white
    font_path = "msyh.ttc")                 #字体文件为当前目录下的 msyh.ttc
#使用字符串 txt 生成词云
wc.generate(txt)
#将生成的词云保存为当前文件夹下的 wordcloud.png 文件
wc.to_file("wordcloud.png")
```

1.11 使用 turtle 标准库绘制一个红色正五角星

一、实验目的

（1）使用 Python 的标准库 turtle 绘制动画图形。
（2）进一步体会 Python 语言的强大之处。

二、实验环境

Windows 10 操作系统、Python 3.7.9 解释器和海龟绘图库 turtle。

三、实验内容

使用 turtle 标准库提供的方法绘制一个红色的正五角星。

四、背景知识介绍

turtle 图形绘制的概念诞生于 1969 年，它已成功应用于 Logo 编程语言。由于 turtle

图形绘制概念十分直观且非常流行，Python 语言接受了这个概念，形成 Python 的 turtle 库，并成为其标准库之一。如果安装了 Python 解释器，就可以直接使用 turtle 库。

turtle 标准库提供的所有方法，参见网址 https://docs.python.org/3.5/library/turtle.html。海龟坐标系如图 1-25 所示。

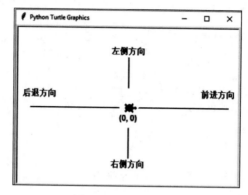

图 1-25　海龟坐标系

五、实验步骤

（1）加载 turtle 扩展库并起别名 t：

```
import turtle as t
```

（2）设置绘图窗口的长度为 500 像素、宽度为 400 像素：

```
t.setup(500, 400)
```

（3）设置画笔的粗细为 2 像素：

```
t.pensize(2)
```

（4）设置画笔颜色和填充颜色为黑色（black）：

```
t.color("black")
```

（5）将海龟向左旋转 54°：

```
t.lt(54)
```

（6）开始绘制红色正五角星：

```
for i in range(10):
    t.begin_fill()                      #开始填充颜色
    if i%2 == 0:
        t.fillcolor("red")              #设置填充颜色为红色(red)
    else:
        t.fillcolor("white")            #设置填充颜色为白色(white)
    t.lt(36)                            #将海龟向左旋转 36°
```

```
        t.fd(131)                          #将海龟向前移动131像素
        if i%2 == 0:
            t.lt(18)                       #将海龟向左旋转18°
        else:
            t.rt(18)                       #将海龟向右旋转18°
        t.fd(-95)                          #将海龟向后移动95像素
        if i%2 == 0:
            t.rt(54)                       #将海龟向右旋转54°
        else:
            t.lt(54)                       #将海龟向左旋转54°
        t.fd(-50)                          #将海龟向后移动50像素
    t.end_fill()                           #结束填充
```

(7) 隐藏海龟,使海龟不可见:

```
t.ht()
```

(8) 启动事件循环:

```
t.done()
```

上述代码的执行结果如图 1-26 所示。

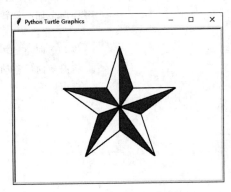

图 1-26　红色正五角星

六、实验提示

(1) 方法 fd()、rt()、lt() 和 ht() 分别等价于 forward()、right()、left() 和 hideturtle()。
(2) 正五角星的一个顶角为 36°。
完整的程序源代码如下:

```
#加载 turtle 扩展库并起别名 t
import turtle as t
#设置绘图窗口的长度为 500 像素、宽度为 400 像素
t.setup(500, 400)
#设置画笔的粗细为 2 像素
```

```
    t.pensize(2)
    #设置画笔颜色和填充颜色为黑色(black)
    t.color("black")
    #将海龟向左旋转54°
    t.lt(54)
    #开始绘制红色正五角星
    for i in range(10):
        t.begin_fill()                          #开始填充颜色
        if i%2 == 0:
            t.fillcolor("red")                  #设置填充颜色为红色(red)
        else:
            t.fillcolor("white")                #设置填充颜色为白色(white)
        t.lt(36)                                #将海龟向左旋转36°
        t.fd(131)                               #将海龟向前移动131像素
        if i%2 == 0:
            t.lt(18)                            #将海龟向左旋转18°
        else:
            t.rt(18)                            #将海龟向右旋转18°
        t.fd(-95)                               #将海龟向后移动95像素
        if i%2 == 0:
            t.rt(54)                            #将海龟向右旋转54°
        else:
            t.lt(54)                            #将海龟向左旋转54°
        t.fd(-50)                               #将海龟向后移动50像素
        t.end_fill()                            #结束填充
    #隐藏海龟,使海龟不可见
    t.ht()
    #启动事件循环
    t.done()
```

1.12 使用 Beautiful Soup 4 模块解析网页

一、实验目的

（1）了解网页的 HTML[①] 结构、常用标签以及标签属性。
（2）掌握获取网页信息的方法和步骤。

二、实验环境

Windows 10 操作系统、Python 3.7.9 解释器、网页抓取模块 requests 和网页解析模块 Beautiful Soup 4。

---

① 超文本标记语言（HyperText Markup Language，HTML）。

三、实验内容

（1）使用 requests 模块抓取目标网页 http://pythonjobs.github.io/。

（2）使用 Beautiful Soup 4 模块进行网页解析，将目标网页中招聘职位包含 python（不区分大小写）的招聘信息输出。

四、背景知识介绍

网站分静态网站、隐藏网站和动态网站 3 类。

（1）作为网页请求的应答，静态网站的服务器发回一个 HTML 文档，该文档包含的数据，与通过浏览器看到的一样。静态网站没有后台数据库，其上的网页不包含程序，同时也是不可交互的。

（2）隐藏网站上的网页，其包含的部分信息需要用户登录后才能看到。

（3）动态网站的服务器可能根本不发回任何 HTML 文档。相反，它仅发回一个 JavaScript 代码作为响应，这与使用浏览器开发工具①查看网页时看到的内容完全不同。

本实验只处理静态网页。网页的 HTML 文档结构很乱时，可使用 HTML Formatter 工具对其进行整理。HTML Formatter 的网址为 https://webformatter.com/html。获取网页信息通常有如下 4 个步骤。

（1）了解目标网站的 HTML 结构；

（2）破译 URL②中编码的数据；

（3）使用模块 requests 下载网页；

（4）使用模块 Beautiful Soup 4 解析网页，提取相关信息。

五、实验步骤

（1）分别安装网页下载模块 requests 和网页解析模块 Beautiful Soup 4：

```
pip install requests
pip install beautifulsoup4
```

（2）加载网页下载模块 requests 和网页解析模块 bs4：

```
import requests
from bs4 import BeautifulSoup
```

（3）将目标网址赋值给 URL 变量：

```
URL = "http://pythonjobs.github.io/"
```

---

① 在 Chrome 浏览器中，右击打开的网页，在弹出的快捷菜单中选择"检查"命令，可以查看网页的源代码。"检查"的英文单词为 inspect。

② 统一资源定位符（Uniform Resource Locator，URL）。

（4）下载目标网页，该网页的部分源代码参见图 1-27。

```html
<section class="job_list">
    <div class="job" data-slug="engineer-python" data-tags="python,django">
    <a class="go_button"
        href="/jobs/python.html">
        Read more <i class="i-right"></i>
    </a>
    <h1><a href="/jobs/python.html">Open Source Software Engineer - Python</a></h1>

    <span class="info"><i class="i-globe"></i> New York City or Remote</span>
    <span class="info"><i class="i-calendar"></i> Thu, 03 Jun 2021</span>
    <span class="info"><i class="i-chair"></i> permanent</span>
```

图 1-27　目标网页的部分源代码（有删减）

```python
try:
    page = requests.get(URL)                    #使用 HTTP① 的 get()方法②
    page.raise_for_status()                     #网页请求不成功时，抛出异常
except HTTPError as http_err:
    print("发生 HTTP 错误", http_err)
except Exception as err:
    print("发生其他错误", err)
else:                                           #网页请求成功时，执行下列操作
    #创建一个 BeautifulSoup 对象 soup,并指定网页的解析器为 html.parser
    soup = BeautifulSoup(page.content, 'html.parser')
    #查找一个元素名为 section,其 class 属性值为 job_list 的元素
    result = soup.find('section', class_='job_list')
    #查找元素名为 div,其 class 属性值为 job 的所有元素
    job_elems = result.find_all('div', class_='job')
    for job in job_elems:
        #查找一个元素名为 h1,其文本中包含 python(不分大小写)的元素
        python_job = job.find('h1', string=lambda text: 'python' in text.lower())
        if None in (python_job,):               #如果 python_job 为空，则继续下一轮循环
            continue
        print(python_job.text.strip())          #输出岗位名称
        #查找元素名为 span,其 class 属性值为 info 的所有元素
        infos = job.find_all('span', class_='info')
        for info in infos:
            print("    ", info.text)
```

执行上述代码，输出结果如图 1-28 所示。

---

① 超文本传输协议（HyperText Transfer Protocol，HTTP）。
② 另外，还有 post()、put()、delete()、head()、path()和 options()方法。

```
Open Source Software Engineer - Python
    New York City or Remote
    Thu, 03 Jun 2021
    permanent
    Datadog
Senior Python Developer
    remote
    Sun, 11 Apr 2021
    permanent, part-time possible
    RealRate GmbH
Full Stack (Python & JS) Developer
    Kyiv
    Sat, 27 Mar 2021
    contract
    O'Dwyer Software
Python Backend Developer
    Amsterdam, Netherlands
    Mon, 30 Nov 2020
    contract
    Newzoo
```

图 1-28　抓取的网页信息

六、实验提示

（1）Beautiful Soup 的官方文档为 https://www.crummy.com/software/BeautifulSoup/bs4/doc/。

（2）在真正的生产环境中，性能是软件的一个重要指标。超时控制（Timeout）、会话（Session）和重试次数（Max Retries）等功能，可以让程序运行平稳，模块 requests 中提供了这些功能。

完整的程序源代码如下。

```
#加载模块 requests 和 bs4:
import requests
from bs4 import BeautifulSoup
#将目标网址赋值给 URL 变量:
URL = "http://pythonjobs.github.io/"
#下载目标网页
try:
    page = requests.get(URL)                    #使用 HTTP 的 get()方法
    page.raise_for_status()                     #网页请求不成功时,抛出异常
except HTTPError as http_err:
    print("发生 HTTP 错误", http_err)
except Exception as err:
    print("发生其他错误", err)
else:                                           #网页请求成功时,执行下列操作
    #创建一个 Beautiful Soup 对象 soup,并指定网页的解析器为 html.parser
    soup = BeautifulSoup(page.content, 'html.parser')
    #查找一个元素名为"section",其 class 属性值为 job_list 的元素
```

```
        result = soup.find('section', class_='job_list')
        #查找元素名为 div,其 class 属性值为 job 的所有元素
        job_elems = result.find_all('div', class_='job')

        for job in job_elems:
            #查找一个元素名为"h1",其文本中包含 python(不分大小写)的元素
            python_job = job.find('h1', string=lambda text: 'python' in text.lower())
            if None in (python_job,):                #如果 python_job 为空,则继续下一轮循环
                continue
            print(python_job.text.strip())           #输出岗位名称
            #查找元素名为 span,其 class 属性值为 info 的所有元素
            infos = job.find_all('span', class_='info')
            for info in infos:
                print("    ", info.text)
```

1.13 使用 re 正则表达式模块

一、实验目的

（1）进一步理解正则表达式模块 re。
（2）熟练使用 re 模块解决实际问题。

二、实验环境

Windows 10 操作系统、Python 3.7.9 解释器和正则表达式模块 re。

三、实验内容

（1）正则表达式的定义、元字符、匹配标志和 re 模块的常用方法，如 match()方法、search()方法、findall()方法和 split()方法。
（2）使用 re 模块提取给定文本中的汉字和手机号码。

四、背景知识介绍

正则表达式（Regular Expression）的概念是数学科学家 Stephen Kleene 在 1951 年提出的。正则表达式是一个特殊的字符序列，它定义了字符串的匹配模式。正则表达式一般由普通字符、特殊字符和数量词组成。特殊字符又称为元字符。在正则表达式"car\w+"中，car 为普通字符，\w 为特殊字符，+ 为数量词。Python 解释器在其模块 re 中实现了正则表达式的功能。本书有时将正则表达式简记为 regex。re 模块支持的元字符如表 1-6 所示。

表 1-6 re 模块支持的元字符

字　　符	含　　义
.	匹配除换行符外的任意单个字符
[ ]	指定一个方括号字符集
^	① 匹配行首； ② 形成方括号字符集的补集，如[^ab]表示不匹配字母 a 和 b
$	匹配行尾
\	① 转义元字符，使元字符失去其特殊含义； ② 引入特殊的字符类，如\w、\d； ③ 引入分组回溯
*	匹配 * 之前的字符或子模式 0 次或多次重复出现
+	类似于 *，匹配一次或多次重复出现
?	① 类似于 * 和 +，匹配 0 次或一次重复出现； ② 指定 *、+ 和 ? 的非贪婪版本
{ }	匹配明确指定的重复次数，如{2,3}表示重复 2 次或 3 次
|	指定替换项
( )	创建组
:、#、=、!	指定特殊的组
< >	创建命名组

匹配标志能改变正则表达式的匹配行为，表 1-7 简要总结了 re 模块支持的匹配标志。

表 1-7 re 模块支持的匹配标志

简称	长名称	效果
re.I	re.IGNORECASE	匹配时不区分大小写
re.M	re.MULTILINE	使^和$匹配多行
re.S	re.DOTALL	使点"."匹配换行符
re.X	re.VERBOSE	允许在 regex 中使用空格和注释
-	re.DEBUG	使 regex 解析器在控制台显示调试信息
re.A	re.ASCII	指定匹配 ASCII 字符
re.U	re.UNICODE	指定匹配 Unicode 字符（默认值）
re.L	re.LOCALE	根据本地字符集匹配字符

re 模块中的常用方法，如表 1-8 所示。

表 1-8 re 模块中的常用方法

方 法 名	功 能 描 述
compile(pat[, flags])	创建模式对象 pat
search(pat, string[, flags])	在整个 string 中寻找模式 pat，返回 match 对象或 None
match(pat, string[, flags])	从 string 的开始处匹配模式 pat，返回 match 对象或 None
findall(pat, string[, flags])	查找 string 中与模式 pat 匹配的所有项
split(pat, string[, maxsplit=0])	依据与模式 pat 相匹配的项切割 string
sub(pat, repl, string[, count=0])	将 string 中与 pat 相匹配的项用 repl 代替
escape(string)	将 string 中的特殊字符进行转义

五、实验步骤

（1）加载正则表达式模块 re：

```
>>> import re
```

（2）给定文本 txt：

```
txt = '''
王同学:18698064670
张同学:022-60600219
李同学:15022523916
'''
```

（3）创建模式对象 pat，提取文本 txt 中的汉字：

```
pat = re.compile(r'[\u4e00-\u9fa5]')     #注意 r 修饰符
```

十六进制数 Unicode 编码从 4e00 至 9fa5，一共 20902 个汉字。

（4）查找字符串 txt 中与模式 pat 相匹配的所有项：

```
result = re.findall(pat, txt)
```

（5）输出查找的结果：

```
if result:
    print(result)
```

上述代码的执行结果：

['王', '同', '学', '张', '同', '学', '李', '同', '学']

（6）创建模式对象 pat，提取文本 txt 中的手机号码：

```
pat = r'\d{11}'
```

（7）查找字符串 txt 中与模式 pat 相匹配的所有项：

```
result = re.findall(pat, txt)
```

(8) 输出查找的结果：

```
if result:
    print(result)
```

上述代码的执行结果：

```
['18698064670', '15022523916']
```

六、实验提示

元字符是具有特殊含义的一组字符，它能极大地增强正则表达式引擎的搜索能力。完整的程序源代码如下：

```
#加载正则表达式模块 re
import re
#给定文本 txt
txt = '''
王同学:18698064670
张同学:022-60600219
李同学:15022523916
'''
#创建模式对象 pat,提取文本 txt 中的汉字
pat = re.compile(r'[\u4e00-\u9fa5]')
#查找字符串 txt 中与模式 pat 相匹配的所有项
result = re.findall(pat, txt)
#输出查找的结果
if result:
    print(result)
#创建模式对象 pat,提取文本 txt 中的手机号码
pat = r'\d{11}'
#查找字符串 txt 中与模式 pat 相匹配的所有项
result = re.findall(pat, txt)
#输出查找的结果
if result:
    print(result)
```

1.14 使用 MySQL 数据库管理系统

一、实验目的

(1) 掌握数据库访问的一般流程。
(2) 掌握对数据库的增加、删除、查询、修改等操作。

二、实验环境

Windows 10 操作系统、Python 3.7.9 解释器、PyMySQL 模块以及 dbForge Studio 2020 for MySQL 数据库可视化工具。

三、实验内容

(1) 创建一个数据库 whui。

(2) 在数据库 whui 中创建一个学生表 students,其中包括学号 ID、姓名 NAME、性别 GENDER、年龄 AGE 和院系 DEPARTMENT 5 个字段,如表 1-9 所示。

表 1-9 学生表 students

属 性 名	数据类型	能否为空	说 明
ID	int (11)	否	学号(主键)
NAME	text	否	姓名
GENDER	text	否	性别
AGE	int (11)	否	年龄
DEPARTMENT	text	否	院系

(3) 使用 dbForge Studio 2020 for MySQL 开源可视化工具查看 MySQL 数据库。

四、背景知识介绍

PyMySQL 扩展库用于连接 MySQL 数据库服务器。MySQL 是一个开源的关系数据库管理系统,也是较流行的关系数据库管理系统。它体积小、速度快,开发中小型甚至大型网站都会选择使用 MySQL 数据库。数据库访问的一般流程如下。

(1) 创建 MySQL 数据库连接 connection;

(2) 获取游标 cursor;

(3) 执行相关操作;

(4) 关闭游标 cursor;

(5) 关闭数据库连接 connection。

使用 PyMySQL 的 connect() 函数创建到 MySQL 数据库的连接。该函数的返回值是一个数据库连接对象,该对象支持的部分方法如表 1-10 所示。

表 1-10 数据库连接对象支持的部分方法

方 法 名	说 明
cursor()	创建并返回一个游标对象
commit()	提交当前事务
rollback()	回滚当前事务
close()	关闭数据库连接

使用数据库连接对象的 cursor() 方法,将得到一个游标对象 cursor,该对象支持的部分属性和方法如表 1-11 所示。

表 1-11 游标对象支持的部分属性和方法

函 数 名	说 明
execute(sql[,args])	执行一条 SQL 语句 sql,后面是可选参数
fetchone()	获取查询结果集的下一行
fetchmany(size)	获取查询结果集的下一组记录,共计 size 行
fetchall()	获取查询结果集的所有行
close()	关闭游标对象
rowcount	只读属性,返回执行 execute() 方法影响的行数
lastrowid	只读属性,提供上一次修改行的行号
description	只读属性,提供最后一个查询的列名

可使用 dbForge Studio 2020 for MySQL 开源可视化工具,查看创建的 MySQL 数据库,其界面如图 1-29 所示(本书的配套资源提供了该软件)。

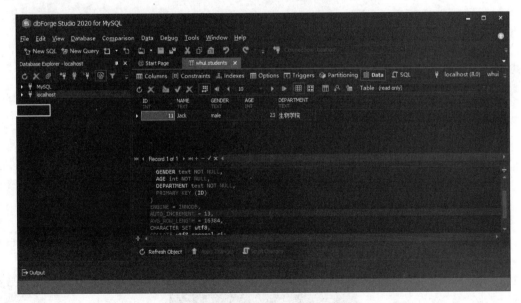

图 1-29 开源可视化工具 dbForge Studio 2020 for MySQL

五、实验步骤

(1) 在图 1-29 中右击 localhost,从弹出的快捷菜单中选择 New Database 选项,创建数据库 whui。

(2) 建立数据库连接 db:

```python
import pymysql
db = pymysql.connect(host="localhost",          #MySQL 服务器主机地址
            user="root",                         #用户名
            password="xxxxxx",                   #密码
            database="whui")                     #数据库名 whui
```

（3）使用 cursor() 方法创建一个游标对象 cursor：

```python
cursor = db.cursor()
```

（4）使用 execute() 方法创建数据库表 students：

```python
cursor.execute("DROP TABLE IF EXISTS students")    #如果表 students 存在，则删除
sql = """                                           #创建数据库表使用的 SQL 语句
    CREATE TABLE students(
    ID int NOT NULL AUTO_INCREMENT,                 #自动增加 AUTO_INCREMENT
    NAME text NOT NULL,                             #非空 NOT NULL
    GENDER text NOT NULL,                           #文本数据类型 text
    AGE int NOT NULL,                               #整型 int
    DEPARTMENT text NOT NULL,
    PRIMARY KEY (ID))                               #主键 ID
"""
cursor.execute(sql)                                 #执行 SQL 语句
```

（5）在 students 表中插入 3 条记录：

```python
sql = """INSERT INTO students(ID, NAME, GENDER, AGE, DEPARTMENT) \
VALUES (10, "James", "male", 20, "人工智能学院"), \
(11, "Jack", "male", 22, "生物学院"), \
(12, "Alice", "female", 20, "物理学院")"""
try:
    cursor.execute(sql)                             #执行 SQL 语句
    db.commit()                                     #提交当前事务
except:
    db.rollback()                                   #发生异常时回滚当前事务
```

上述代码的执行结果如图 1-30 所示。

图 1-30　插入数据

（6）查询 students 表中年龄大于 21 岁的学生：

```python
sql = "SELECT * FROM students WHERE AGE > %d" % (21,)
```

```
try:
    cursor.execute(sql)                          #执行 SQL 语句
    results = cursor.fetchall()                  #获取查询结果集中的所有行
    for row in results:                          #逐行打印
        print(f"ID={row[0]}", end=", ")
        print(f"NAME={row[1]}", end=", ")
        print(f"GENDER={row[2]}", end=", ")
        print(f"AGE={row[3]}", end=", ")
        print(f"DEPARTMENT={row[4]}", end=", ")
except:
    print("Error: unable to fetch data")
```

上述代码的执行结果：

ID=11, NAME=Jack, GENDER=male, AGE=22, DEPARTMENT=生物学院

（7）将 students 表中所有男性"male"的年龄增加 1 岁：

```
sql = "UPDATE students set AGE = AGE + 1 WHERE GENDER='%s'" % ('male',)
try:
cursor.execute(sql)                              #执行 SQL 语句
    db.commit()                                  #提交当前事务
except:
    db.rollback()                                #发生异常时回滚当前事务
```

上述代码的执行结果如图 1-31 所示。

（8）删除 students 表中所有年龄等于 21 岁的学生：

```
sql = "DELETE FROM students WHERE AGE = %d" % (21,)
try:
    cursor.execute(sql)                          #执行 SQL 语句
    db.commit()                                  #提交当前事务
except:
    db.rollback()                                #发生异常时回滚当前事务
```

上述代码的执行结果如图 1-32 所示。

图 1-31　修改数据

图 1-32　删除数据

（9）关闭游标 cursor：

cursor.close()

（10）关闭数据库连接 db：

```
db.close()
```

六、实验提示

（1）MySQL 数据库的下载地址为 https://dev.mysql.com/downloads/mysql/。

（2）MySQL 安装完毕，还需要在 Windows 任务管理器中启动 MySQL 服务。

（3）与数据库交互前，必须先与它建立连接。具体到 MySQL 数据库，需要使用 PyMySQL 模块中的 connect() 函数。

（4）可一边执行数据库的增加、删除、查询、修改操作，一边通过 dbForge Studio 2020 for MySQL 查看代码的实际执行结果。

1.15 使用 tkinter 模块设计图形用户界面

一、实验目的

（1）使用 tkinter 模块设计简单的图形用户界面（Graphical User Interface，GUI）。

（2）初步了解设计 GUI 的若干原则。

二、实验环境

Windows 10 操作系统和 Python 3.7.9 解释器。

三、实验内容

（1）使用 tkinter 模块设计一个登录界面。

（2）使用 tkinter 模块设计一个注册界面。

四、背景知识介绍

图形用户界面采用图形化的方式显示操作界面。tkinter 是 Python 3.x 的内置模块，只要安装了 Python 3.x 解释器就可以使用。在使用 tkinter 模块之前，需要先加载 tkinter 模块，方式如下。

```
import tkinter
```

或者

```
from tkinter import *
```

使用 tkinter 模块创建 GUI 应用程序，通常需要执行以下 4 个步骤。

（1）加载 tkinter 模块；

（2）创建 GUI 应用程序主窗口；

（3）向 GUI 应用程序添加组件，如按钮 Button；

（4）进入主事件循环，以便对触发的各个事件采取某种操作。

tkinter 模块中常用的 17 种组件,如表 1-12 所示。

表 1-12　tkinter 模块中常用的 17 种组件

组　件	功　能　描　述
Button	按钮组件,在界面中显示按钮
Canvas	画布组件,用于绘制其他图形元素,如直线、椭圆
Checkbutton	复选按钮,用于将多个选项显示为复选框,用户一次可以选择多个选项
Entry	单行文本框,用于接收输入值
Frame	框架组件,通常作为其他组件的容器
Label	标签组件,为其他组件提供单行标题,也可以显示位图
Listbox	列表框,用于提供选项列表
Menu	菜单组件,用于提供各种命令
Message	消息组件,与 Entry 组件类似,可以显示多行文本
Radiobutton	单选按钮,用于显示多个选项,用户一次只能从中选择一个选项
Scale	范围组件,显示一个数值刻度,输出指定范围的数值区间
Scrollbar	滚动条,用于向各种组件(如列表框)添加滚动功能
Text	文本组件,用于显示多行文本
Toplevel	顶层容器组件,用于提供单独的窗口
Spinbox	Entry 组件的变体,用于从固定数量的值中进行选择
PanedWindow	容器组件,可以包含水平或垂直排列的任意数量的窗格
LabelFrame	简单的容器组件,充当复杂窗口布局的隔板或容器

要想使设计出的图形用户界面符合用户的操作习惯、能为用户带来好的使用体验,通常需要遵循以下原则。

(1) 清晰:视觉清晰、语言简练等;

(2) 简单:用户可快速地学会使用;

(3) 以用户为中心的设计:创造出用户喜爱的产品;

(4) 一致性:外观、操作等应保持一致;

(5) 颜色很重要:颜色会说话,它像界面上的其他元素一样强大;

(6) 响应:系统必须迅速响应用户的请求。

以上仅列出一小部分设计原则,只有在生产实践中,才能深刻体会这些设计原则的重要性。

五、实验步骤

(1) 加载 tkinter 模块及其包含的类:

```python
from tkinter import *
from tkinter import messagebox
```

(2) 定义一个函数 validate(),用于验证用户名和密码是否正确:

```python
def validate():
    if user.get().lower() == 'admin' and password.get() == '1234':
        messagebox.showinfo("恭 喜", "登录成功")
    else:
        messagebox.showerror("遗 憾", "登录失败")
```

(3) 创建应用程序主窗口 root:

```python
root = Tk()
```

(4) 创建第一块画布 top_canvas,其父容器为 root:

```python
top_canvas = Canvas(root)
```

(5) 创建标签,用于显示文本"用户名:":

```python
Label(top_canvas, text="用户名:", width=6).pack(side=LEFT)
```

(6) 创建单行文本框 user,用于输入用户名:

```python
user = Entry(top_canvas)
user.pack(side=LEFT)                                        #调用布局管理器 pack()
user.focus_set()                                            #使文本框 user 获得焦点
top_canvas.pack(anchor=N, expand=YES, fill=X, padx=5, pady=5)
```

(7) 创建第二块画布 middle_canvas,其父容器为 root:

```python
middle_canvas = Canvas(root)
```

(8) 创建标签,用于显示文本"密码:":

```python
Label(middle_canvas, text="密码:", width=6).pack(side=LEFT)
```

(9) 创建单行文本框 password,用于输入密码:

```python
password = Entry(middle_canvas, show="*")
password.pack(side=LEFT)
middle_canvas.pack(anchor=N, expand=YES, fill=X, padx=5, pady=5)
```

(10) 创建第三块画布 bottom_canvas,其父容器为 root:

```python
bottom_canvas = Canvas(root)
```

(11) 创建"提交"按钮:

```python
Button(bottom_canvas, text="提交", width=10, command=validate).pack()
bottom_canvas.pack(anchor=N, expand=YES, fill=X, padx=5, pady=5)
```

(12) 进入主事件循环：

```
root.mainloop()
```

最终得到的用户登录界面,如图 1-33 所示。"登录成功"与"登录失败"界面如图 1-34 所示。

图 1-33　用户登录界面

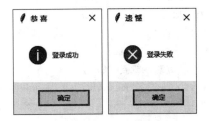

图 1-34　"登录成功"与"登录失败"界面

仿照上述用户登录界面的创建过程,创建一个用户注册界面。选择恰当的组件,获取当前用户的信息,如用户名、性别、密码、确认密码、手机号码。另外,界面还要包括"提交"按钮和"重置"按钮。

六、实验提示

(1) 在定义的验证函数 validate() 中,使用 str 类的方法 lower(),使系统能忽略用户名的大小写。

(2) 在登录界面中输入用户名 admin(不区分大小写),密码 1234,然后单击"提交"按钮,系统会弹出一个消息对话框,提示用户登录成功;否则显示登录失败。

完整的程序源代码如下:

```
#加载 tkinter 模块及其包含的类
from tkinter import *
from tkinter import messagebox
#定义一个函数 validate(),用于验证用户名和密码是否正确
def validate():
    if user.get().lower() == 'admin' and password.get() == '1234':
        messagebox.showinfo("恭 喜","登录成功")
    else:
        messagebox.showerror("遗 憾","登录失败")
#创建应用程序主窗口 root
root = Tk()
#创建第一块画布 top_canvas,其父容器为 root
top_canvas = Canvas(root)
#创建标签,用于显示文本"用户名:"
Label(top_canvas, text="用户名:", width=6).pack(side=LEFT)
#创建单行文本框 user,用于输入用户名
user = Entry(top_canvas)
```

```
            user.pack(side=LEFT)                            #调用布局管理器pack()
            user.focus_set()                                #使文本框user获得焦点
            top_canvas.pack(anchor=N, expand=YES, fill=X, padx=5, pady=5)
            #创建第二块画布 middle_canvas,其父容器为 root
            middle_canvas = Canvas(root)
            #创建标签,用于显示文本"密码:"
            Label(middle_canvas, text="密码:", width=6).pack(side=LEFT)
            #创建单行文本框password,用于输入密码
            password = Entry(middle_canvas, show="*")
            password.pack(side=LEFT)
            middle_canvas.pack(anchor=N, expand=YES, fill=X, padx=5, pady=5)
            #创建第三块画布 bottom_canvas,其父容器为 root
            bottom_canvas = Canvas(root)
            #创建"提交"按钮
            Button(bottom_canvas, text="提交", width=10, command=validate).pack()
            bottom_canvas.pack(anchor=N, expand=YES, fill=X, padx=5, pady=5)
            #进入主事件循环
            root.mainloop()
```

1.16 使用代码编辑器 Jupyter Notebook

一、实验目的

（1）学会安装 Anaconda 平台；
（2）能熟练使用 Jupyter Notebook 进行数据分析与可视化。

二、实验环境

Windows 10 操作系统、Python 3.7.9 解释器和 Anaconda 平台。

三、实验内容

（1）安装 Anaconda 平台；
（2）初步学会使用 Jupyter Notebook 的主要功能；
（3）在 Jupyter Notebook 代码编辑器中编写和调试代码。

四、背景知识介绍

Jupyter Notebook 是一种 Web 应用，它使得用户能将说明文档、数学公式、程序代码和可视化等内容全部整合到一个易于共享的文档中。Jupyter Notebook 是 Anaconda 平台的一部分，不需要单独安装。在图 1-35 中，单击"开始"菜单中 Anaconda3（64-bit）目录下的 Jupyter Notebook（Anaconda3）图标，即可启动 Jupyter Notebook，如图 1-36 所示。

在图 1-36 中，Jupyter Notebook 界面的顶端有 3 个选项卡，分别是 Files（文件）、

图 1-35　Anaconda3（64-bit）的目录结构

![Jupyter Notebook 界面]

图 1-36　Jupyter Notebook 界面

Running(运行)和 Clusters(集群)。这 3 个选项卡的功能见表 1-13。

表 1-13　选项卡的功能

选项	功　　能
Files	显示当前 notebook 文件夹中所有的文件和子文件夹
Running	列出当前所有正在运行的 notebook
Clusters	由 IPython[①] Parallel 提供支持,是 IPython 的并行计算框架,通常不使用

在图 1-36 中,单击 Files 选项卡中的 New 按钮,可以创建 Text File(文本文件)、Folder(文件夹)、Terminal(终端)和 Python 3(笔记本),如图 1-37 所示。

---

① IPython 是 Interactive shell built with Python 的简称,即 Python 交互式 shell,它是 Python 原生交互式 shell 的增强版。shell 是命令解释器(一种应用程序),用于接收用户的命令,然后调用相应的应用程序。

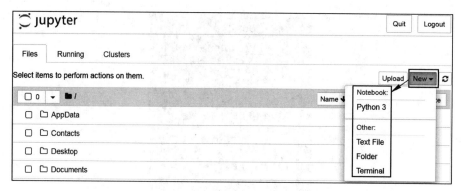

图 1-37　Files 选项卡中的 New 按钮

五、实验步骤

（1）从网站 https://www.anaconda.com/products/individual 下载 Anaconda，按照安装向导的提示一步步安装即可。

（2）在图 1-37 中单击"Python 3"选项新建一个笔记本，如图 1-38 所示。

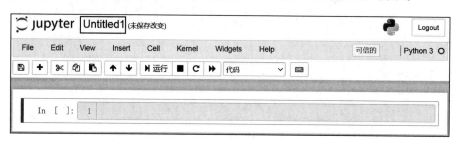

图 1-38　新建的笔记本

（3）单击图 1-38 中的 Untitled1 方框区域，在弹出的对话框中修改笔记本的名称为 hello，如图 1-39 所示。

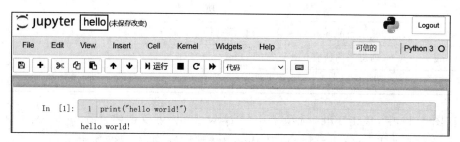

图 1-39　新创建的笔记本 hello

（4）单元格是编写和运行代码的场所。单元格是有编号的，如 In[1]。单击图 1-39 中的＋按钮，可以创建新的单元格。要执行单元格中的代码，只需选中该单元格并单击"运行"按钮。在图 1-39 的单元格内输入下列代码：

```
print("hello world!")
```

单击"运行"按钮可查看代码的执行结果。

(5) 单元格有编辑和命令两种模式,它们之间的切换方式如表 1-14 所示。

表 1-14 两种模式的切换

模 式	键 盘 操 作	鼠 标 操 作
编辑模式	按 Enter 键	在单元格内单击
命令模式	按 Esc 键	在单元格外单击

试着切换图 1-39 中单元格 ln [1] 的编辑模式与命令模式。

(6) 单元格的编辑模式如图 1-40 所示,此时屏幕右上角出现铅笔图标,单元格的左侧边框线呈绿色。

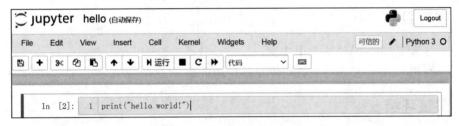

图 1-40 单元格的编辑模式

(7) 当处于命令模式时,铅笔图标消失,单元格的左侧边框线呈现蓝色,如图 1-41 所示。

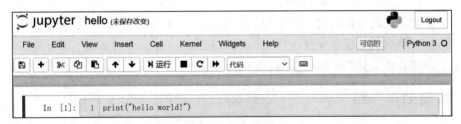

图 1-41 命令模式

(8) 命令模式下的常用快捷键如表 1-15 所示。

表 1-15 命令模式下的常用快捷键

快捷键	功 能	快捷键	功 能
H	显示快捷键列表	Z	撤销一次删除操作
S	保存文件	L	显示/不显示行号
A	在当前行的上面插入单元格	X	剪切单元格
B	在当前行的下面插入单元格	C	复制单元格
D(两次)	删除当前单元格	V	粘贴到当前单元格的下面

六、实验提示

魔术命令是 IPython 的内置命令。使用魔术命令%lsmagic 可以查看完整的魔术命令列表。了解一个魔术命令或函数的相关信息，可以在其前面添加一个英文问号，如查看命令 clear 的文档：

```
?%clear
```

查看 range()函数的文档：

```
?range
```

1.17 使用数据分析工具 Pandas 模块

一、实验目的

（1）熟悉 Pandas 模块的常用功能。
（2）使用 Pandas 模块分析并可视化给定的数据。

二、实验环境

Windows 10 操作系统、Python 3.7.9 解释器和 Pandas 模块。

三、实验内容

（1）按照给定的数据创建数据序列 Series。
（2）按照给定的数据创建数据框架 DataFrame。
（3）读写各种文件类型中的数据，如 CSV[①]、JSON[②]、TXT、Excel 表格等。

四、背景知识介绍

Pandas 是基于 NumPy 的数据分析工具，官方网址为 http://pandas.org，安装命令为 pip install pandas。Pandas 提供了快速而灵活的数据结构，用于对噪声等数据进行清洗，便于后续的机器学习和数据分析。Pandas 拥有 Series 和 DataFrame 两种数据结构，如表 1-16 所示。

Pandas 可以读写各种文件类型中的数据，如 CSV、JSON、TXT、Excel 表格等。读取文件的一般语法为 pd.read_<type>()，写文件的一般语法为 pd.to_<type>()。

---

① CSV = Comma-Separated Values(逗号分隔值)。
② JSON = JavaScript Object Notation(JS 对象简谱)，是一种轻量级的数据交换格式。

表 1-16　扩展库 Pandas 的两种数据结构

数据结构	维度	说明
Series	一维	带有标签的同构数据类型组成的一维数组。与列表和 numpy.array 类似。列表中的元素可以是不同的数据类型；而 numpy.array 与 Series 只允许存储相同的数据类型
DataFrame	二维	带有标签的异构数据类型组成的二维数组

五、实验步骤

(1) 给定分数 marks ＝ [90，88，95] 和对应的课程 index ＝ ["English"，"Math"，"Science"] 创建序列 s：

```
>>> import pandas as pd
>>> marks = [90, 88, 95]
>>> index = ["English", "Math", "Science"]
>>> s = pd.Series(data=marks, index=index)
>>> s
English    90
Math       88
Science    95
dtype: int64
```

(2) 给定字典 dt ＝ {"English"：90，"Math"：88，"Science"：95} 创建序列 s：

```
>>> dt = {"English":90, "Math":88, "Science":95}
>>> s = pd.Series(dt)
>>> s
English    90
Math       88
Science    95
dtype: int64
```

(3) 修改数学的分数为 98：

```
>>> s["Math"] = 98
>>> s
English    90
Math       98
Science    95
dtype: int64
```

也可以使用其他方式修改数学分数，如 s[1] ＝ 98 或 s.loc["Math"] ＝ 98 或 s.iloc[1] ＝ 98。loc ＝ location(位置)，iloc ＝ integer location(整数位置)。

(4) 通过索引指定序列中值出现的前后顺序：

```
>>> import pandas as pd
>>> marks = {'English':90, 'Math':88, 'Science':95}
>>> s = pd.Series(data=marks, index=["Math", "Science", "English", "AI"], name
="scores")
>>> s
Math           88.0
Science        95.0
English        90.0
AI             NaN①                          #行索引 AI 不在字典 marks 中
Name: scores, dtype: float64
```

(5) 返回序列切片 s[-2:]：

```
>>> s[-2:]                                    #得到序列的最后两个元素
English        90.0
AI             NaN
Name: scores, dtype: float64
```

(6) 返回序列切片 s.iloc[:2]：

```
>>> s.iloc[:2]                                #得到序列的前两个元素
Math           88.0
Science        95.0
Name: scores, dtype: float64
```

(7) 给定字典 data，创建数据框架 df：

```
>>> data = {
    "Subject" : ["English", "Math", "AI"],
    "Marks" : [70, 90, 85],
    "Remarks" : ["Average", "Excellent", "Good"] }
>>> df = pd.DataFrame(data=data)
>>> df
   Subject  Marks    Remarks
0  English     70    Average
1     Math     90  Excellent
2       AI     85       Good
```

(8) 使用 head(n)② 方法返回数据框架的前 n 行（默认值为 5）：

```
>>> df.head(2)
   Subject  Marks    Remarks
0  English     70    Average
1     Math     90  Excellent
```

---

① NaN = Not a Number(不是数字)。
② 类似的有 tail(n) 方法。

(9) 返回索引号为 0 的行：

```
>>> df.iloc[0]                                          #第1行的索引号不一定等于0
Subject      English
Marks        70
Remarks      Average
Name: 0, dtype: object
```

(10) 返回第 2 列，即 Marks 列：

```
>>> df["Marks"]                                         #返回一个序列Series
1    70
2    90
3    85
Name: Marks, dtype: int64
```

(11) 返回第 2 列，即 Marks 列：

```
>>> df[["Marks"]]                                       #返回一个数据框架DataFrame
   Marks
1     70
2     90
3     85
```

注意 df["Marks"] 与 df[["Marks"]] 的区别。

(12) 得到课程 AI 的成绩：

```
>>> df.iloc[2]["Marks"]
85
```

(13) 数据框架的切片 df.iloc[0：2]：

```
>>> df.iloc[0:2]
   Subject  Marks  Remarks
1  English     70  Average
2     Math     90  Excellent
```

(14) 计算三门课程的总分数：

```
>>> df["Marks"].sum()
245
```

(15) 将三门课程的成绩降序排列：

```
>>> df.sort_values(by="Marks", ascending=False)
   Subject  Marks  Remarks
2     Math     90  Excellent
3       AI     85  Good
1  English     70  Average
```

(16) 删除 Remarks 列:

```
>>> df.drop(["Remarks"], axis=1)          #这里不是原地(in-place)删除
   Subject  Marks                         #即原来的数据框架 df 保持不变
1  English     70                         #设置参数 inplace=True 执行原地删除
2     Math     90
3       AI     85
```

(17) 使用序列 s1 和 s2 创建数据框架 df:

```
>>> s1 = pd.Series(["b", "a", "c"], index=[1, 5, 3])
>>> s2 = pd.Series(["Mon", "Tue", "Wed"], index=[1, 5, 3])
>>> df = pd.DataFrame([s1, s2])
>>> df
     1    5    3
0    b    a    c
1  Mon  Tue  Wed
```

(18) 假如文件 test.csv 的内容如图 1-42 所示,使用 read_csv() 方法读取该文件的内容:

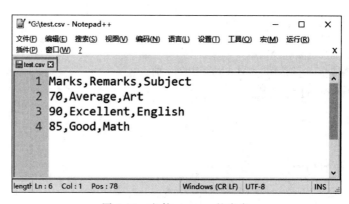

图 1-42　文件 test.csv 的内容

```
>>> df = pd.read_csv("test.csv")
>>> df
   Marks    Remarks  Subject
0     70    Average      Art
1     90  Excellent  English
2     85       Good     Math
```

(19) 将上述数据框架 df(包括行索引)输出到 test2.csv 文件,如图 1-43 所示。

```
>>> df.to_csv("test2.csv", index=True)
```

上述代码将行索引作为附加列,输出到 test2.csv 文件中。如果不想将其包含在 csv 文件中,在 to_csv() 方法中将参数 index 设置为 False 即可。

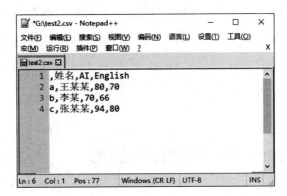

图 1-43 文件 test2.csv

六、实验提示

(1) 当 DataFrame 的某一列包含中文时,会导致包含中文的列以及其他列无法对齐,解决方法是设置选项 display.unicode.east_asian_width 为 True:

```
>>> pd.set_option("display.unicode.east_asian_width", True)
data = {
    "姓名":["王某某", "李某", "张某某"],
    "AI":[80, 70, 94],
    "English":[70, 66, 80]
}
```

参数设置前的效果如图 1-44 所示,参数设置后的效果如图 1-45 所示。

```
>>> df                          >>> df
    姓名  AI  English                姓名  AI  English
a  王某某   80      70         a  王某某   80      70
b   李某   70      66         b   李某   70      66
c  张某某   94      80         c  张某某   94      80
```

图 1-44 参数设置前的效果   图 1-45 参数设置后的效果

(2) 数据框架第 1 行的下标等于 0,但是其索引不一定等于 0:

```
>>> data = {
    "Subject" : ["English", "Math", "AI"],
    "Marks" : [70, 90, 85],
    "Remarks" : ["Average", "Excellent", "Good"] }
>>> df = pd.DataFrame(data=data, index=[1, 2, 3])
>>> df
   Subject  Marks    Remarks
1  English     70    Average
2     Math     90  Excellent
3       AI     85       Good
```

读者能写出代码 df.loc[1]与 df.iloc[1]的输出结果吗？两个输出结果相同吗？
（3）试着写出下列代码的输出结果：

```
>>> df = pd.DataFrame({"col1":[0, 1, 5], "col2":[5, 6, 7]}, index=["a", "b", "c"])
>>> print(df)
```

1.18 使用 Matplotlib 模块绘制图形

一、实验目的

（1）使用 Matplotlib 模块将数据可视化。
（2）能随意组合使用 NumPy、SciPy、Pandas 和 Matplotlib 等模块。

二、实验环境

Windows 10 操作系统、Python 3.7.9 解释器和 Python 扩展库 Matplotlib。

三、实验内容

（1）绘制一幅包含两个子图的图形，这两幅子图分别是余弦图形和散点图。
（2）在 Matplotlib 中使用 Tex 表达式[①]。

四、背景知识介绍

Matplotlib 是一款优秀的数据可视化 Python 第三方库，其官方网站为 https://matplotlib.org/，安装命令为 pip install matplotlib。Matplotlib 能绘制的各种图形参见网站 https://matplotlib.org/gallery.html。Matplotlib 能绘制静态图形、动态图形，甚至能进行交互式可视化，限于篇幅，本书只讲述静态图形的绘制。Matplotlib 由各种可视化类构成，其中最常用的是 matplotlib.pyplot，它是绘制各种图形的命令子库。使用下列命令导入 pyplot 库：

```
>>> import matplotlib.pyplot as plt    #为matplotlib.pyplot起别名plt
```

pyplot 子库中提供的绘图函数，如表 1-17 所示。

表 1-17 pyplot 子库中提供的绘图函数

函　　数	说　　明
bar(x, height, width=0.8)	绘制条形图(bar)
barh(y, width, height=0.8, align='center')	绘制水平条形图(horizontal bar)

---

① 网址为 www.ctex.org。

续表

函数	说明
boxplot(x)	绘制箱形图(boxplot)
cohere(x, y, NFFT=256, Fs=2, Fc=0)	绘制 X 和 Y 相干性图(coherence)
contour([x, y,] z, [levels])	绘制等高线图(contour)
hist(x)	绘制直方图(histogram)
pie(x)	绘制饼图(pie)
plot(x, y, …)	绘制线图
plot_date(x, y)	绘制包含日期的图形
polar(theta, r)	绘制极坐标图
psd(x)	绘制功率谱密度图(power spectral density)
scatter(x, y)	绘制散点图(scatter)
specgram(x)	绘制光谱图(spectrogram)
stem([x,] y)	绘制火柴图
step(x, y, [fmt])	绘制台阶图
vlines(x, ymin, ymax)	绘制垂线图

五、实验步骤

(1) 导入库 matplotlib.pyplot,并起别名 plt:

```
import matplotlib.pyplot as plt
```

(2) 导入 Matplotlib 的全局变量 rcParams:

```
from matplotlib import rcParams
```

(3) 导入库 numpy,并起别名 np:

```
import numpy as np
```

(4) 设置图形的字体名称为楷体(Kaiti),字号为 12 磅:

```
rcParams["font.family"] = "Kaiti"
rcParams["font.size"] = 12
```

(5) 为了使得图形中的负号正常显示,如 −1,执行以下命令:

```
rcParams["axes.unicode_minus"] = False
```

(6) 生成[0, 5]范围内步长为 0.02 的等差数列 t:

```
t = np.arange(0, 5, 0.02)
```

(7) 绘制一幅长度为 10 像素、宽度为 2 像素的图形：

```
plt.figure(figsize=(10, 2))
```

(8) 绘制第 1 幅子图，余弦曲线：

```
ax1 = plt.subplot(1, 2, 1)              #图形由 1 行 2 列的子图组成
plt.plot(t, np.cos(2 * np.pi * t), "g--")   #绿色虚线
#Tex 表达式放在一对$$符号之间
plt.title(r"余弦$y=cos(2\pi{}t)$")        #设置子图的标题
ax1.set_xlabel("X 轴")                    #设置横轴的标签
```

(9) 绘制第 2 幅子图，散点图：

```
plt.subplot(1, 2, 2)
np.random.seed(42)                #设置随机数的种子,以便可重现随机数序列
N = 50
x = np.random.rand(N)             #生成 50 个[0, 1)范围内的随机数
y = np.random.rand(N)
colors = np.random.rand(N)
area = 100 * np.random.rand(N)
#数据点的尺寸 s,颜色 c,透明度 alpha
plt.scatter(x, y, s=area, c=colors, alpha=0.5)
plt.title("散点图")                #设置子图的标题
```

(10) 显示图形：

```
plt.show()
```

上述代码的执行结果如图 1-46 所示。

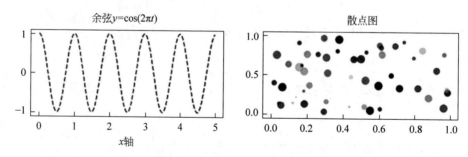

图 1-46　由两幅子图构成的图形

六、实验提示

(1) Matplotlib 在默认情况下并不支持中文,使用中文字体的方法有以下两种。

① 直接修改 Matplotlib 的全局变量 rcParams[①],如修改字体名称为黑体 rcParams

---

① rcParams 运行时配置参数(runtime configuration parameters)。

["font.family"] = "SimHei"，字号为 14 磅 rcParams["font.size"] = 14；

② 使用参数 fontproperties 指定中文字体，如 plt.ylabel("纵轴"，fontproperties＝"Kaiti"，fontsize＝14)将纵轴的字体修改为楷体，14 磅。

（2）常用的中文字体有黑体（SimHei）、楷体（Kaiti）、隶书（LiSu）、仿宋（FangSong）、幼圆（YouYuan）和华文宋体（STSong）。

（3）中文的 5 号、小 4 号和 4 号字，分别对应于英文的 10.5 磅、12 磅和 14 磅字。

（4）在 Jupyter Notebook 中，命令％matplotlib inline 可以直接显示图像，无须调用 plt.show()函数。

完整的程序源代码如下：

```
import matplotlib.pyplot as plt
from matplotlib import rcParams
import numpy as np

rcParams["font.family"] = "Kaiti"
rcParams["font.size"] = 12
rcParams["axes.unicode_minus"] = False
t = np.arange(0, 5, 0.02)
plt.figure(figsize=(10, 2))
ax1 = plt.subplot(1, 2, 1)
plt.plot(t, np.cos(2 * np.pi * t), "g--")
plt.title(r"余弦$y=cos(2\pi{}t)$")
ax1.set_xlabel("X 轴")

plt.subplot(1, 2, 2)
np.random.seed(42)
N = 50
x = np.random.rand(N)
y = np.random.rand(N)
colors = np.random.rand(N)
area = 100 * np.random.rand(N)
plt.scatter(x, y, s=area, c=colors, alpha=0.5)
plt.title("散点图")
plt.show()
```

第 2 章
练习题

2.1 填空题

1. C 语言是编译型程序设计语言,而 Python 是_____型程序设计语言。
2. IDLE 有两种使用方式,分别是_____和_____。
3. Python 3.x 版本的解释器内部采用_____的方式实现,其语法也做了很多改进,因此无法向下兼容 Python 2.x 版本。
4. Python 语言使用_____作为程序源文件的扩展名。
5. 安装第三方库可以用 pip 命令,而加载扩展库的命令是_____。
6. 将 Python 源程序打包生成可执行程序,可以使用的第三方库是_____。
7. 使用第三方库 PyInstaller 打包源程序时,生成的可执行文件所在目录是_____,并且与源程序文件同名。
8. 查看当前计算机中已安装模块的命令是_____。
9. Python 代码编辑器众多,除了 Python 系统自带的 IDLE,常用的还有_____。
10. IDLE 补全命令的命令是_____。
11. IDLE 添加注释的命令是_____。
12. IDLE 取消注释的命令是_____。
13. Jupyter 单元格有两种模式,分别是_____和_____。
14. 根据定义后数据是否能更改,可将 Python 数据类型分为两大类,分别是_____和_____。
15. Python 序列型数据包括_____、_____和_____。
16. Python 数值型数据包括_____、_____和_____。
17. Python 布尔型数据包括_____和_____。
18. Python 映射型数据有_____。
19. 在 Python 语言中,整数可用_____、_____、_____和_____4 种形式表示。
20. 在 Python 语言中,二进制数、八进制数和十六进制数的引导符分别是_____、_____和_____。

21. 0b101 ＋ 0x11 ＝ _____。

22. bin(3) ＝ _____。

23. oct(11) ＝ _____。

24. hex(20) ＝ _____。

25. 浮点数有两种表示形式,分别是_____和_____。

26. round(1.5，0) ＝ _____。

27. round(1.5，None) ＝ _____。

28. round(1.5) ＝ _____。

29. round(3.1415，3) ＝ _____。

30. 下列代码的输出结果是_____。

```
import math
print(math.floor(5.6))
```

31. 在 Python 语言中,复数的虚部以_____或_____作为后缀。

32. 已知复数变量 x,则其实部为_____、虚部为_____。

33. 已知一个复数的实部为 4,虚部为 3,则该复数可表示为_____。

34. 计算 abs(4 ＋ 3j) ＝ _____。

35. 在序列型数据中,元素之间存在着_____关系,并且可以有_____元素(相同的、不相同的)。

36. 字符串分为_____和_____两种类型。

37. 单行字符串用一对_____或_____作为边界。

38. 多行字符串用一对_____或_____作为边界。

39. 序列型数据的下标可以从_____开始正向增大,也可以从_____开始反向减小。

40. len("\n") ＝ _____。

41. 已知 s ＝ "Python",则 s[－1] ＝ _____。

42. 已知 s ＝ "Python",则 s[2：4] ＝ _____。

43. 已知 s ＝ "Python",则 s[：：2] ＝ _____。

44. 已知 s ＝ "Python",则 s[2：2] ＝ _____。

45. 已知 s ＝ "Python",则 s[2：1] ＝ _____。

46. 已知 s ＝ "Python",则 s[1：4：2] ＝ _____。

47. 已知 s ＝ "Python",则 s[：：] ＝ _____。

48. 已知 s ＝ "god",则 s[：：－1] ＝ _____。

49. 在 Python 语言中,两种不可改变的数据类型分别是_____和_____。

50. 使用函数_____查看一个对象的数据类型。

51. str(3 ＋ 2) ＝ _____。

52. Python 语言的注释有两种,分别是_____和_____。

53. float('5') = _____。
54. float(5) = _____。
55. float('a') = _____。
56. int(1.6) = _____。
57. int('5') = _____。
58. int('5.6') = _____。
59. str(4 + 3j) = _____。
60. str(1.5) = _____。
61. Python 语言中有一个特殊的字符常量,它能改变其后字符的本来意义,这个字符是_____。
62. 反斜杠"\"叫作_____。
63. Python 语言的续行符是_____。
64. Python 语言支持的以反斜杠(\)开头的特殊字符有_____、_____、_____等。
65. Unicode 编码共有三种实现方案,分别是_____、_____和_____。
66. oct(65) = _____。
67. 列表中的值被称为_____。
68. 在列表 numbers = [3,1]的末尾增加元素 5,其实现代码为_____。
69. 执行代码>>> [1,2] * 2,其输出结果为_____。
70. 已知 numbers = [1,5,3],执行代码 numbers[1] = 2 后,列表 numbers = _____。
71. 已知 t = [3,1,2,1],则 t.count(1) = _____。
72. 已知 t = [3,1,2,1],则 t.index(1) = _____。
73. 已知 t = [3,1,2,1],执行代码 t.remove(1)后,列表 t = _____。
74. 已知 numbers = [1,5,3],执行代码 numbers.pop(1)后,列表 numbers = _____。
75. 已知 t = [1,5,3],执行代码后 t[:2] = [2],列表 t = _____。
76. len([]) = _____。
77. len([1,5,2]) = _____。
78. list('ab') = _____。
79. 将列表[3,1]中的元素添加到列表 t 中,其实现代码为_____。
80. 将列表[3,1]作为子列表添加到列表 t 中,其实现代码为_____。
81. 在列表 t 的索引 1 处插入元素 5,其实现代码为_____。
82. 将列表 t 中的元素逆序放置,其实现代码为_____。
83. 已知列表 t = [1,5,2],执行代码 t.sort()后,t = _____。
84. 已知列表 t = [1,5,2],执行代码 t.sort(reverse=True)后,t = _____。
85. 已知列表 t = [1,5,2],执行代码 sorted(t)后,t = _____。

86. 元组与列表有一个最大的不同点,即元组是_____。
87. 创建仅包含一个元素5的元组_____。
88. 代码>>> (2, 1) * 2 的执行结果是_____。
89. 代码>>> 0 * (2, 1)的执行结果是_____。
90. 已知元组 t = (3, 1, 5, 2),则 t[1:3] = _____。
91. tuple("ab") = _____。
92. 列表与元组两者中哪一个访问速度更快一些? _____
93. 将变量 a 与 b 的值互换,其实现代码为_____。
94. sort()与 sorted()两者中哪一个执行原地排序? _____
95. 所有的零值等价于_____。
96. bool(0.0) = _____。
97. bool(0) = _____。
98. bool('0') = _____。
99. bool(()) = _____。
100. 'a' * 3 = _____。
101. 集合的基本用途包括_____和_____。
102. 已知集合 st1 = {1, 2, 3},st2 = {2, 3, 4},则 st1 − st2 = _____。
103. 已知集合 st1 = {1, 2, 3},st2 = {2, 3, 4},则 st1 & st2 = _____。
104. 将元素 2 添加到集合 st 中,其实现代码为_____。
105. 已知 lt = [1, 2, 1],则 set(lt) = _____。
106. 已知 st1 = {1, 2},st2 = {1, 3, 2},则 st2.issuperset(st1) = _____。
107. 字典与集合使用相同的容器_____。
108. 为字典 dt 增加一个键值对"a":3,其实现代码为_____。
109. 已知字典 dt = {"b": 3, "a": 1},则 list(dt) = _____。
110. 已知字典 dt = {"b": 3, "a": 1},则 list(dt.keys()) = _____。
111. 已知字典 dt = {"b": 3, "a": 1},则 list(dt.values()) = _____。
112. 已知字典 dt = {"b": 3, "a": 1},则 list(dt.items()) = _____。
113. 已知字典 dt = {"b": 3, "a": 1},则 dt.get('c', "not exists") = _____。
114. 已知字典 dt = {"b": 3, "a": 1},则 dt.get('a', "not exists") = _____。
115. 已知字典 dt = {"b": 3, "a": 1},执行代码 dt.setdefault('a', 11)后,dt = _____。
116. 已知字典 dt = {"b": 3, "a": 1},执行代码 dt.setdefault('c', 2)后,dt = _____。
117. 已知字典 dt = {"b": 3, "a": 1},则 len(dt) = _____。
118. 已知字典 dt = {"b": 3, "a": 1},执行代码 del dt["b"]后,dt = _____。
119. 代码 print(1, 2, 3, sep="=", end="♯")的输出结果是_____。
120. 执行代码 a = eval("1 + 2")后,a = _____。

121. 执行代码 a = input()，输入 5，则 a = _____。
122. Python 语言最常用的输入函数和输出函数分别是_____和_____。
123. 4 / 2 = _____。
124. 10 % 3 = _____。
125. 10 // 3 = _____。
126. −5 // 2 = _____。
127. 5 // −2 = _____。
128. −5 // −2 = _____。
129. 5 / 2 = _____。
130. 2 ** 3 = _____。
131. 0.5 ** 2 = _____。
132. pow(5, 2, 3) = _____。
133. 代码 5 <= 3 的执行结果是_____。
134. Python 语言中一共有 3 个逻辑运算符，分别是_____、_____和_____，其中优先级最高的是_____。
135. True and False = _____。
136. True or False = _____。
137. not True = _____。
138. not 5 = _____。
139. 已知 a = 1，b = 5，则 a and b = _____。
140. 代码 1 and print("hello") 的输出结果是_____。
141. bool(None) = _____。
142. 已知 a = 1，执行代码 a << 1 后，a = _____。
143. 0b1100 & 0b1010 = _____。
144. 0b1100 ^ 0b1010 = _____。
145. 0b1100 | 0b1010 = _____。
146. ~12 = _____。
147. 0b1100 >> 2 = _____。
148. 如果数据在计算机内部用 1 字节存储，则 −13 的补码为_____。
149. 代码 5 > 3 + 2 的执行结果是_____。
150. bool(list()) = _____。
151. bool('one') = _____。
152. Python 语言的控制结构包括_____结构和_____结构。
153. Python 语言提供了两种循环结构，分别是_____和_____循环。
154. 选择结构又分为单分支结构、双分支结构和_____。
155. for 循环适用于_____。
156. list(range(1, 5, 2)) = _____。

157. tuple(range(5)) = _____。
158. set(range(1，5)) = _____。
159. for 循环还有一种扩展形式，即与_____搭配使用。
160. 执行代码 a = [x ** 2 for x in range(3)]后，a = _____。
161. 在 Python 语言中定义函数需要使用关键字_____。
162. 在 Python 语言中可变长度参数有两种，第一种用_____定义；第二种用_____定义。
163. 可选参数是指带有_____的参数。
164. _____参数必须出现在_____参数的前面。（可选参数、必选参数）
165. 给形式参数赋值有两种方式，分别是_____和_____。
166. 总体上，递归函数由_____和_____两部分构成。
167. 匿名函数使用关键字_____定义。
168. 变量在程序中起作用的范围称为变量的_____。
169. 根据变量在程序中所处的位置和作用范围，可将变量分为_____和_____两种。
170. Python 语言使用关键字_____声明全局变量。
171. Python 语言使用关键字_____定义类。
172. 类是对现实世界中一些具有共同特征的事物的_____。
173. Python 语言的_____方法用于初始化新创建的实例。
174. Python 语言的属性分为_____属性和_____属性。
175. Python 语言的方法分 3 种，分别是_____方法、类方法和静态方法。
176. _____函数可用来查看一个变量所属的数据类型。
177. isinstance(i，T)函数用来判断实例 i _____。
178. Python 语言允许从多个父类继承，这种现象叫作_____。
179. 如果一个父类及其子类使用了完全相同的方法名，但是却有不同的实现方式，这种现象叫作_____。
180. 面向对象编程技术的 3 个主要特征是_____、_____和_____。
181. 依据属性对外部的开放程度，可将其分为 3 种类型，分别是私有属性、保护属性和_____。
182. 类方法需要使用的修饰符是_____。
183. 静态方法需要使用的修饰符是_____。
184. 借助 Python 语言的内置函数_____，子类可调用父类的方法。
185. 要想支持加法运算，一个类必须实现的特殊方法是_____。
186. Python 语言使用关键字_____导入模块。
187. 一个模块实际上是_____。
188. 一个包实际上是_____，其中包含一个_____文件。
189. Python 语言给模块起别名使用关键字_____。

190. 当导入一个包时，程序会自动执行其中包含的_____文件。
191. Python 语言生成随机数的标准库是_____。
192. 设置随机数种子为 42，其实现代码为_____。
193. 从列表中随机选择一个元素并返回，可使用 random 标准库的_____函数。
194. random.random() 函数生成浮点数的取值范围是_____。
195. random.randint(0，1) 生成的整数不是_____就是_____。
196. random.sample(x，k) 函数的功能是_____。
197. Python 语言的标准库_____提供了与时间有关的各种函数。
198. Python 语言时间标准库中的函数_____能使程序暂停运行。
199. Python 语言的时间标准库提供了 3 个常用方法，分别是_____、localtime() 和 strftime()。
200. 格式字符%Y 表示_____。
201. "hello".count('a') = _____。
202. "GoD".lower() = _____。
203. "one".upper() = _____。
204. "a1#".isalnum() = _____。
205. "\n".isspace() = _____。
206. 已知 s = "one"，执行代码 s.replace("e"，"ly") 后，s = _____。
207. "\nab \f".strip() = _____。
208. len("a".center(5，"=")) = _____。
209. "=".join(["a"，"b"]) = _____。
210. ord("a") - ord("A") = _____。
211. Python 语言在_____模块中实现了正则表达式的功能。
212. 正则表达式一般由_____、特殊字符和数量词 3 部分组成。
213. 特殊字符又称为_____。
214. _____匹配任意单个字母或数字。
215. _____匹配任意单个十进制数字。
216. \s 匹配任意单个_____字符。
217. [td] 匹配单个字母_____或_____。
218. _____表示匹配行首，$ 表示匹配行尾。
219. _____表示匹配一个单词的开头或结尾。
220. 数量词_____表示匹配一次或多次。
221. 数量词_____表示匹配至少 m 次，至多 n 次。
222. 非贪婪式{m,n}? 等价于_____。
223. match 对象有两个方法，分别是_____和 groups()。
224. 匹配标志_____表示匹配时不区分大小写。
225. 匹配标志_____使得^和$匹配多行文本。

226. 匹配标志_____使得点"."能够匹配换行符。
227. re.findall(r"\w+", "a\rb\fc") = _____。
228. re.split(r"\s+", "a\rb\fc") = _____。
229. 在程序的运行阶段发生的错误叫作_____。
230. 已知 a = 5,则代码 assert a > 5 的执行结果_____。
231. 在 try 语句中编写可能引发异常的代码,而把捕获或处理异常的代码放在_____子句中。
232. 无论发生什么情况,都会执行_____子句中的代码。
233. 在 Python 语言中可以使用_____语句主动抛出异常。
234. 代码测试包括单元测试和_____测试。
235. 异常 IOError 发生的原因是_____。
236. Python 标准库中有一个单元测试模块_____,它包含测试代码的工具。
237. 文本文件是由_____字符组成的。
238. Python 语言使用内置函数_____打开一个文件。
239. 默认情况下 Python 语言的文件打开模式是_____。
240. 一种更方便、更安全地关闭文件的方法是使用_____语句。
241. 使用_____方法可更改文件指针的位置。
242. 使用_____方法能返回文件指针的当前位置。
243. 对一个二进制文件执行读写操作时,需要使用的打开模式是_____。
244. ASCII 代表_____。
245. UTF-8 使用_____字节表示一个字符。
246. 文件对象的常用属性有_____。
247. EOF 代表_____。
248. read(n)方法的功能是_____。
249. 读文件的 3 种方法_____。
250. 写文件的两种方法_____。
251. 获取一个文件夹下的所有文件或子文件夹列表,可以使用 os 模块中的_____函数。
252. os.mkdir()函数的功能是_____。
253. os.mkdirs()函数的功能是_____。
254. os.walk()函数的功能是_____。
255. Python 语言的内置模块_____可以创建临时文件和目录。
256. 删除文件可以使用 os 模块的_____函数。
257. 删除单个文件夹可使用 os 模块的_____函数。
258. 获取当前工作目录可使用 os 模块的_____函数。
259. 切换目录可使用 os 模块的_____函数。
260. 处理二进制文件的常用模块有_____。

261. 数据库是按一定格式存储的、有组织的、可共享的、长期存储在计算机中的_____集合。

262. Python 语言自带的模块_____，可直接与 SQLite 数据库进行交互。

263. SQL 代表_____。

264. _____语句用于从表中选取数据，并将结果存储在一个结果表中。

265. _____子句用于设置选择条件。

266. _____语句用于向数据表中插入新行。

267. _____语句用于修改表中的数据。

268. _____语句用于删除表中的行。

269. _____语句能够将两个或多个表连接起来。

270. 将结果集进行分组需要使用_____语句。

271. _____函数提交当前事务，使操作在数据库中生效。

272. _____函数返回与指定条件相匹配的行数。

273. 使用数据库 API 访问数据库的 5 个步骤：①创建数据库连接；②获取游标；③_____；④关闭游标；⑤关闭数据库连接。

274. _____是内嵌在 Python 解释器中的数据库管理系统，它不需要额外的安装和配置。

275. sqlite3 模块中的_____方法和_____方法分别可用于打开数据库文件和获取游标对象，而使用游标对象的_____方法执行各种 SQL 语句。

276. 实例化一个组件时，需要为其指定一个_____。

277. tkinter 库中的按钮组件、画布组件、复选按钮组件分别是_____、_____和_____。

278. 字体属性对应的属性名是_____。

279. 组件尺寸的常用单位有_____。

280. ipadx 与 padx 分别是组件水平方向的_____和_____。

281. 锚点属性对应的属性名是_____。

282. 光标属性对应的属性名是_____。

283. tkinter 提供了 3 种布局管理器，分别是_____、_____和_____。

284. 事件<Key>表示_____。

285. 用于输入一行文本的组件是_____。

286. 创建用于显示一行或多行文本且不允许修改，需要使用的组件是_____。

287. 事件绑定方法 after(5, callback)表示_____。

288. 允许输入多行文本的文本组件为_____。

289. list(filter(None, [0, True, '0', 'a'])) = _____。

290. list(range(1, 10, 3)) = _____。

291. reduce(lambda x, y: x+y, [1, 3], 5) = _____。

292. list(zip([1], ['b', 'a'])) = _____。

293. list(enumerate(['a'])) = _____。
294. "{：=^5}".format("中国梦") = _____。
295. "{：.2f}".format(0.618) = _____。
296. 已知 a = iter([2, 1, 3])，则 next(a) = _____。
297. list(map(int, ['2', '1'])) = _____。
298. 生成器有两种类型，分别是_____和_____。
299. 可迭代对象与迭代器这两者中，_____可以被反复使用。
300. 创建 NumPy 数组的方法主要有 4 个，分别是 array()、_____、_____ 和 _____。
301. 代码 np.linspace(0，1，5)创建的数组中一共有_____个元素。
302. 代码 np.arange(10，30，5)创建的 4 个数组元素分别是_____。
303. 已知 a = np.array([3, 1, 2])，则 sum(a * 2) = _____。
304. np.random.randint(0，1) = _____。
305. 已知 a = np.array([[3, 1], [4, 2]])，则 a.shape = _____。
306. 改变数组形状的方法有_____。
307. 已知数组 a 和 b，则代码 np.hstack((a, b))的功能是_____。
308. 方法_____可以将一个数组进行水平分割。
309. 方法_____可以将一个数组既水平分割又垂直分割。
310. Pandas 拥有_____和_____两种数据结构。
311. 已知 a = np.array([[1], [2]])，则 a.ndim = _____，a.size = _____。
312. DataFrame 是带有行列标签的_____（同构、异构）数据组成的二维数组。
313. 在 Matplotlib 扩展库中，使用方法_____绘制直方图。
314. 在 Matplotlib 扩展库中，使用方法_____绘制曲线图。
315. 调用_____方法可将 Matplotlib 图形显示出来。
316. 格式字符串由颜色字符串、标记字符和_____三部分组成。
317. 在绘制的图形中输出文本，可使用 pyplot 中的文本显示方法_____。
318. 已知 name = "One"，print(name.upper())的执行结果是_____。
319. 已知 name = "Jolie"，print(name[-3:])的执行结果是_____。
320. 如果字符串 s 的长度为奇数，则其中间字符可表示为_____。
321. 已知字典 dt = {'Mike': 1, 'Kate': 2}，则语句 dt.get('Tim', 'Not Exists')的值是_____。
322. 执行代码 print("Hello".find('he'))的输出结果_____。
323. Python 解释器自带的两个重要工具是_____和_____。
324. 文件对象的方法_____可以更改文件的指针位置，而_____方法能返回文件指针的当前位置。
325. 在 IDLE 中，执行 Python 程序的快捷键是_____。
326. pip 的全称是_____。

327. 在 Windows 系统中，pip 命令是在_____下使用的，而且要切换到 Python 可执行程序所在目录的_____文件夹下。

328. 为了查看 Python 解释器的所在路径，加载 sys 模块后，执行命令_____。

329. Python 语言的数据类型，总体上可分为_____和_____两种。

330. 二进制的 101 等于十进制的_____。

331. 十六进制的 11 等于十进制的_____。

332. 十六进制的 2A 等于十进制的_____。

333. 八进制的 74 等于十进制的_____。

334. >>> 1 / 2 的执行结果是_____。

335. >>> bin(3)的执行结果是_____。

336. >>> oct(10)的执行结果是_____。

337. >>> hex(12)的执行结果_____。

338. 要想消除"不确定尾数"的影响，可以使用_____函数。

339. 在 Python 语言中，组合型数据类型包括_____、_____、_____和_____。

340. >>> round(1.2346，2)的执行结果_____。

341. 已知 a 是一个复数，其实部和虚部分别表示为_____和_____。

342. >>> abs(4 + 3J)的执行结果_____。

343. >>> abs(−1.5)的执行结果_____。

344. >>> "apple"[−1]的执行结果是_____。

345. 已知字符串 s = "god"，则 s[::−1]=_____。

346. 使用函数_____，可以将一个浮点数 x 转换为字符串。

347. >>> int(5.5)的执行结果_____。

348. >>> str(5+6)的执行结果_____。

349. >>> 2 ** 3 的执行结果是_____。

350. >>> 'ha' * 2 的执行结果是_____。

351. >>> 2 * 'ha'的执行结果是_____。

352. >>> "good" + "idea"的执行结果是_____。

353. 已知列表 lt = [1, 5, 3]，则 lt[−1]的值等于_____。

354. 已知 a = [1, 2]，b = [3, 1]，则 a + b 等于_____。

355. 已知 a = (1, 2)，b = (3, 1)，则 a + b 等于_____。

356. 已知 lt = ['b', 'd', 'a']，则 lt[:]的值等于_____。

357. 已知 lt = ['b', 'd', 'a']，则 lt[::−1]的值等于_____。

358. 已知 lt = ['b', 'd', 'a']，则 lt[1:3]的值等于_____。

359. 已知 lt = ['b', 'd', 'a']，则 lt[1:3:2]的值等于_____。

360. 已知 lt = ['b', 'd', 'a']，执行代码 lt[1:3] = 'e'后，列表 lt 的值等于_____。

361. >>> list('god')的执行结果是_____。

362. "amazing China".split()的执行结果是_____。

363. '='.join(['just', 'for', 'fun'])的执行结果是_____。

364. >>> '-'.join(list('CCTV'))的执行结果是_____。

365. 执行代码 tu = ('a')后,变量 tu 的值是_____。

366. 执行代码 tu = tuple('one')后,变量 tu 的值是_____。

367. 已知元组 tu = (1, 2, 5, 3, 5),则 tu.count(5)的值等于_____。

368. 已知元组 tu = (1, 2, 5, 3, 5),则 tu.count(100)的值等于_____。

369. 执行代码 user_name, domain = "whui@qq.com".split('@')后,变量 domain 的值等于_____。

370. >>> set('banana')的执行结果是_____。

371. 函数_____可用于查看一个对象是否可哈希。

372. input()函数的返回值是_____。

373. >>> eval("1.2+3.4")的执行结果是_____。

374. 已知 m = 5,执行代码 a = eval('m')后,变量 a 的值等于_____。

375. >>> print('Just', 'for', 'Fun', sep='-')的执行结果是_____。

376. 已知 x = 2,y = 1,则 x and y 等于_____。

377. >>> 0b1100 & 0b1010 的执行结果是_____。

378. 二进制数 0b1100,等于十进制数_____。

379. >>> ~0b1100 的执行结果_____。

380. >>> 2 * 3 ** 2 * 4 的执行结果_____。

381. 已知 a = 3,则 a *= 2 + 3 的执行结果_____。

382. >>> for ch in "good":
        print(ch, end='-') 代码的执行结果是_____。

383. >>> [i for i in range(5)]的执行结果_____。

384. 在 Python 语言中,所有类的基类是_____。

385. 0 * "工匠精神"的执行结果是_____。

386. >>> 'x' not in 'xyz'的执行结果是_____。

387. >>> str(0x1a)的执行结果是_____。

388. >>> 'sum $ 12'.isidentifier()的执行结果是_____。

389. >>> 'abcba'.strip('ab')的执行结果是_____。

390. >>> '-'.join('good')的执行结果是_____。

391. >>> 'a red red rose'.replace('red', 'blue')的执行结果是_____。

392. 已知字符串 s = '\rfun\t',则执行代码 s = s.strip()后,s 的值是_____。

393. 表达式 re.split('\.+', 'one.two...three')的值等于_____。

394. >>> re.findall(r'(\d)\1', '11abc332')的执行结果是_____。

395. 用于设置选择条件的 SQL 语句是_____。

396. 组件的背景色和前景色分别用_____和_____属性设置。

397. 表达式[i for i in range(10) if i＞5]的值等于＿＿＿＿。

398. 已知自定义函数：

```
def demo( * args):
    return sum(args)
```

则表达式 demo(1,2,3)的值为＿＿＿＿。

399. 已知 x＝[2,1,4,2,4],则表达式[index for index,value in enumerate(x) if value==4]的值为＿＿＿＿。

400. 已知列表 x＝['a','b'],则表达式 list(enumerate(x)) 的值为＿＿＿＿。

401. 字符编码 UTF-8 使用＿＿＿＿字节存储一个汉字。

402. 表达式 len('你好 abc')的值等于＿＿＿＿。说明："好"与"a"之间没有空格。

403. 如果在自定义类时实现了__contains__()特殊方法,则该类的实例会自动支持＿＿＿＿运算符。

404. 划分模块时尽量做到＿＿＿＿,保持模块的独立性,尽量使用公共模块。

405. 在数据库中,数据模型包括数据结构、数据操作和＿＿＿＿。

406. 在数据库系统中,数据模型包括概念模型、逻辑模型和＿＿＿＿。

2.2 单选题

1. 下列选项不属于 Python 基本数据类型的是(　　)。
   A. 浮点型　　　　B. 复数　　　　C. 字符串　　　　D. 列表

2. 下列选项不是 Python 语言关键字的是(　　)。
   A. include　　　B. import　　　C. from　　　　D. in

3. 定义 x＝8.5,表达式 int(x)的结果是(　　)。
   A. 9　　　　　　B. 8.5　　　　　C. 8.0　　　　　D. 8

4. 下列程序的输出结果是(　　)。

```
s = "你好\tPython\n"
print(len(s))
```

   A. 8　　　　　　B. 10　　　　　C. 12　　　　　D. 14

5. 下列程序的输出结果是(　　)。

```
score =[[100, 89, 95], [69, 80, 77], [83, 91, 90]]
s = []
for i in score:
    for j in i:
        s.append(str(j))
print(",".join(s))
```

   A. [100,89,95, 69,80,77,83,91,90]

B. 100,89,95,69,80,77,83,91,90

C. [[100,89,95],[69,80,77],[83,91,90]]

D. 100 89 95 69 80 77 83 91 90

6. 下列程序的输出结果是(   )。

```
lt = list("This apple is red.")
x = lt.index("i", 5, 15)
print(x)
```

    A. 2   B. 9   C. 11   D. 12

7. 在字符串 s 中，从右往左的第 5 个字符的表示方法是(   )。

    A. s[5]   B. s[-5]   C. s[0：-5]   D. s[：-5]

8. 下列(   )方法可以获得字符串 s 的长度。

    A. len(s)   B. s.len()   C. length(s)   D. s.length()

9. 字符串"Hello"的长度是 5，"神州大地"的长度是(   )。

    A. 4   B. 5   C. 8   D. 10

10. 下列关于字典类型的描述，正确的是(   )。

    A. 字典是一种有序的对象集合

    B. 字典的元素是固定，不能在后面进行增加或删减操作

    C. 字典中可以包含列表和其他数据类型，也支持嵌套

    D. 字典中的数据可以像列表一样进行切片操作

11. 下列程序的输出结果是(   )。

```
dt = {"3":"Mary", "1":"John", "2":"Lucy"}
for k in dt:
    print(k, end=" ")
```

    A. Mary John Lucy   B. 3：Mary 1：John 2：Lucy

    C. "3" "1" "2"   D. 3 1 2

12. 下列对 Python 程序缩进格式的描述，正确的是(   )。

    A. 所有的 Python 代码行前面都可以不留空白

    B. 缩进只能用不同个数的空格实现

    C. 严格的缩进可以约束程序结构，允许多层缩进

    D. 缩进只是用来美化 Python 程序，使它看起来更加美观

13. 下列程序的输出结果是(   )。

```
for x in "Welcome to Python World!":
    if x == 't':
        break
    print(x, end="")
```

    A. Welcome o Pyhon World!   B. WelcomeoPyhonWorld!

C. Welcome   D. Python

14. 下列程序的输出结果是(   )。

```
for i in range(4):
    for s in "1234":
        if s == "3":
            break
        print(s, end="")
```

A. 123123123123   B. 111122223333
C. 11112222   D. 12121212

15. 下列程序的输出结果是(   )。

```
for i in range(0, 10, 2):
    print(i, end=" ")
```

A. 12345678910   B. 0 2 4 6 8 10   C. 2 4 6 8 10   D. 0 2 4 6 8

16. 下列程序的输出结果是(   )。

```
m = []
def my_func():
    n = ['12', '23']
    m = n
my_func()
print(m)
```

A. ['12', '23']   B. '12', '23'   C. 12 23   D. []

17. 下列关于 Python 文件的描述,错误的是(   )。

A. open()函数的参数"a"表示文件可以添加新内容
B. open()函数的参数"r"表示只能读取文件数据
C. open()函数的参数"+"表示文件以读写模式打开
D. open()函数的参数"w"表示文件以追加模式打开

18. 下列程序的输出结果是(   )。

```
lt = [1, 2, 3, 4]
result = lt.reverse()
print(result)
```

A. [1,2,3,4]   B. [4, 3, 2, 1]   C. [3, 2, 1]   D. None

19. 下列程序运行后,通过终端输入 10,其输出结果是(   )。

```
r = input("请输入半径:")
area = 3.1415 * r * r
print("{:.0f}".format(area))
```

A. 3.1415   B. 31.415   C. 314.15   D. TypeError

20. 下列关于Python数值运算描述,错误的是(　　)。

　　A. Python语言支持+=、%=这样的复合赋值运算符

　　B. 在Python 3.x中,10 / 3 == 3的判断结果是True

　　C. 运算符%是求余运算符

　　D. Python支持复数运算,复数用j或者J表示,比如4+3j

21. Python语言可以在(　　)操作系统上运行。

　　A. macOS　　　　　　　　　　B. Windows

　　C. Linux　　　　　　　　　　D. 以上都可以

22. 下面(　　)不是Python合法的变量名。

　　A. _myvar2_　　　　　　　　B. myvar

　　C. myVAR　　　　　　　　　D. 2myvar

23. 以下4个选项中,不正确的是(　　)。

　　A. (2>=2) or (2<2) and 2 的结果是 True

　　B. 关键词不可以作为变量名使用

　　C. 在Python语言中,x += 1是合法语句

　　D. Python中不允许在一条输入语句中为多个变量赋值

24. 关于元组,下面描述错误的是(　　)。

　　A. 元组像列表一样支持切片操作

　　B. 元组内的元素是有序可重复的

　　C. 在元组中插入的新元素要放在最后

　　D. 元组支持in运算符

25. Python不支持以下的(　　)数据类型。

　　A. complex　　B. list　　　　C. float　　　　D. char

26. 以下程序的输出结果是(　　)。

```
x = ['a']
alist = ['a', 'b', 'c']
print(x in alist)
```

　　A. 1　　　　　B. False　　　C. True　　　　D. 0

27. 已知字典score = {'Python': 91, 'English': 89, 'C++': 85},则len(score)的值等于(　　)。

　　A. 3　　　　　B. 6　　　　　C. 9　　　　　D. 12

28. 代码>>> None or ":"执行结果是(　　)。

　　A. True　　　　B. False　　　C. None　　　　D. ':'

29. Python语言中,用于获取用户输入数据的函数是(　　)。

　　A. get()　　　B. input()　　C. output()　　D. eval()

30. 使用下列的(　　)函数可改变NumPy数组的形状。

　　A. resize()　B. logspace()　C. array()　　D. linspace()

31. 下列代码的输出结果是(   )。

```
x = "big"
y = 2
print(x * y)
```

    A. big2   B. bigbig   C. big   D. 报错

32. 语句 print(11.0 % 3)的输出结果是(   )。

    A. 1   B. 2.0   C. 2   D. 程序出错

33. 下列代码的输出结果是(   )。

```
sum = 0
for i in range(1, 10, 2):
    sum += i
print(sum)
```

    A. 11   B. 13   C. 25   D. 45

34. Python 语言中定义类的关键字是(   )。

    A. __int__   B. class   C. def   D. object

35. 下列复数中,写法错误的是(   )。

    A. 2 + 3j   B. 2.5 + 2j   C. 1j + 4   D. 3 + j

36. lambda 匿名函数在形式上只能是(   )个表达式。

    A. 0   B. 1   C. 2   D. 2 个以上

37. 在一棵具有 3 层的满二叉树中,结点的总数为(   )。

    A. 7   B. 6   C. 5   D. 8

38. 结构化程序设计的基本原则不包括(   )。

    A. 多态性   B. 自顶向下   C. 模块化   D. 逐步求精

39. 结构化程序的 3 种基本控制结构是(   )。

    A. 过程、子过程和分程序   B. 顺序、选择和调用

    C. 顺序、选择和循环   D. 调用、返回和转移

40. 下列不属于面向对象编程技术 3 个主要特点的是(   )。

    A. 多态   B. 封装   C. 唯一性   D. 继承

41. sum([1, 5, 2]) = (   )。

    A. 1   B. 2   C. 5   D. 8

42. lt = [1, 5, 2],则执行 lt.sort()后,lt = (   )。

    A. None   B. [1, 5, 2]   C. [1, 2, 5]   D. [5, 2, 1]

43. 程序运行时,无论是否发生异常,都会执行的子句是(   )。

    A. except   B. else   C. if   D. finally

44. continue 语句的作用是(   )。

    A. 退出循环

B. 死循环

C. 继续

D. 跳过当前循环中的剩余语句,直接进入下一轮循环

45. lt = [1,5,2],执行代码 lt.insert(1,6)后,lt =( )。
    A. [1,6,5,2]　　　　　　　B. [1,5,6,2]
    C. [1,5,2]　　　　　　　　D. [1,6,2]

46. 已知 lt = [1,5,2],执行代码 del lt[2]后,lt =( )。
    A. [1,5,2]　　B. [1,2]　　C. [1,5]　　D. [5,2]

47. 已知 lt = [1,5,2],执行代码 lt.pop(1)后,lt =( )。
    A. [5,2]　　　B. [1,2]　　C. [1,5,2]　D. [1,5]

48. 创建一个空列表,使用的函数是( )。
    A. clear()　　B. pop()　　C. remove()　D. list()

49. lt = [2,1,2],执行代码 lt.remove(2)后,lt =( )。
    A. [1,2]　　　B. [2,1]　　C. [2,2]　　D. [2,1,2]

50. 下列属于不可变数据类型的是( )。
    A. 字符串　　B. 集合　　　C. 字典　　　D. 列表

51. 已知 lt = [i * 2 for i in range(3)],则 sum(lt) = ( )。
    A. 3　　　　B. 4　　　　C. 5　　　　D. 6

52. 已知 f = lambda x: x + 1,则 f(1) = ( )。
    A. 出错　　　B. 0　　　　C. 1　　　　D. 2

53. 代码 print(1, 2, sep=":", end="#")的输出结果是( )。
    A. 1 2#　　　B. 1:2:#　　C. 1:2#　　　D. 1#2:

54. 已知函数

```
def dummy():
    pass
```

该函数的返回值是( )。
    A. 抛出异常　B. 不确定　　C. None　　　D. pass

55. 在 Python 语言中,逻辑运算符一共有( )个。
    A. 1　　　　B. 2　　　　C. 3　　　　D. 4

56. 清除集合中的所有元素,使用的函数是( )。
    A. index()　B. pop()　　C. remove()　D. clear()

57. 为得到一个字符对应的 Unicode 值,需要使用的函数是( )。
    A. sort()　　B. ord()　　C. chr()　　D. str()

58. "龙生龙,凤生凤"这句话体现了面向对象编程技术的( )特征。
    A. 多态　　　B. 封装　　　C. 组合　　　D. 继承

59. 直接执行程序文件 test.py 时,其属性__name__等于( )。

A. test　　　　B. test.py　　　　C. __str__　　　　D. __main__

60. 下列选项中，(　　)是一种好的编程思想。

A. 函数　　　　B. 类　　　　C. 内聚　　　　D. 模块化

2.3　简答题

1. 函数 round(x，d)对浮点数 x 的作用是什么？
2. 请至少写出 pip 命令的 3 种使用方式。
3. PyPI 的全称是什么？PyPI 是什么？
4. 使用 PyInstaller 模块，将 Python 源程序 demo.py 打包生成一个可执行文件，使用的命令是什么？
5. math 是一个常用的数学库，写出下列语句的执行结果。

```
>>> import math
>>> math.floor(5.9)
>>> math.ceil(5.6)
```

6. 字符串分为几种类型？分别是什么？
7. 注释(Comment)分几种类型？分别是什么？
8. 什么叫作转义字符？至少写出 3 个转义字符。
9. 反斜杠"\"除代表"转义"之意，它还是一种什么符号？
10. Unicode 编码共有 3 种实现方案，分别是什么？
11. 在 Python 语言中，定义一个变量必须遵循 3 个条件，这 3 个条件分别是什么？
12. 创建一个空列表有几种方法？分别是什么？
13. 访问列表元素使用什么运算符？
14. 删除列表元素有几种方法？分别是什么？
15. 已知 lt = ['a', 'c', 'b']，则 lt.pop()的执行结果是什么？此时列表 lt 等于什么？
16. 元组与列表在很多方面都是类似的，它们之间有一个最大的不同点，这个不同点是什么？
17. 创建一个空元组有几种方法？分别是什么？
18. 创建一个空集合有几种方法？分别是什么？
19. 创建一个空字典有几种方法？分别是什么？
20. 已知 st1 = set('good')，st2 = set('food')，则 st1 ^ st2 等于什么？
21. 已知字典 dt = {'a': 1, 'c': 2, 'b': 3}，则 list(dt.keys())等于什么？(不考虑元素的顺序)。
22. eval()函数经常与哪个函数配合使用，以获取用户的输入？
23. 已知 a = 2，b = 3，则下列代码的输出结果是什么？

```
print("{1} / {0} = {2}".format(a, b, b / a))
```

24. 请写出下列各表达式的计算结果。

(1) 7 / 2
(2) 7 // 2
(3) 7 // −2
(4) divmod(7, 2)
(5) pow(3, 2)
(6) pow(5, 2, 3)
(7) abs(−5.0)
(8) bool('fun')
(9) bool(None)
(10) bool(set())

25. 如果整数在计算机内部用 1 字节存储,则 −13 的原码、反码和补码分别是什么?

26. 恒等运算符有几个? 分别是什么?

27. Python 语言的控制结构有几种? 分别是什么?

28. Python 语言提供了几种循环结构? 分别是什么?

29. for 循环和 while 循环各适用于哪种情况?

30. 下列代码的执行结果是什么?

```
for i in range(1, 10):
    if i == 5:
        break
    print(i, end=' ')
else:
    print("else 分支")
```

31. 下列代码的执行结果是什么?

```
for i in range(4, 8):
    if i == 5:
        continue
    print(i)
else:
    print("else 分支")
```

32. 依据作用域的不同,变量可分为几种类型? 分别是什么?

33. 可变长度参数分几种? 分别由什么符号定义?

34. 定义类使用的关键字是什么?

35. 在 Python 语言中,不考虑静态方法,方法(Method)分几种? 分别是什么?

36. 在 Python 语言中,属性(Attribute)分几种? 分别是什么?

37. Python 语言允许从多个父类继承,这种特征被称为什么?

38. 类的属性和方法统称为类成员,为了实现对类成员的访问控制,Python 语言将类成员分为几种类型? 它们分别是什么? 它们的访问范围是什么?

39. 什么叫作多态?

40. 至少写出 3 个类的特殊方法。

41. 字符串方法 find() 与 index() 的区别是什么?

42. 已知字符串 s = 'fun\t\n',执行代码 s.strip()后,s 的值是什么?

43. 至少写出 3 个正则表达式元字符。
44. 已知 s = '12a23b312c',则表达式 re.split('\d+', s)的值等于什么?
45. 除 assert 断言语句,Python 语言的异常处理结构还包括哪两种类型?
46. 一个完整形式的 try-except 语句,还包括哪两个子句?
47. 在 Python 语言中,所有异常类的基类是什么?
48. 总体上,代码测试包括几种类型? 分别是什么?
49. 举例说明 finally 子句的应用场景。
50. 以二进制模式打开文件 test.dat,既可读又可写的命令是什么?
51. 文件的内容读取完毕后,读方法的返回值是什么?
52. 至少写出 3 个文件对象的常用方法。
53. 在 Python 语言中,open()是什么?
54. 至少写出 3 种文件的打开模式。
55. 执行文件读写操作有时会发生异常,此时程序会中途退出而不能关闭文件,为避免发生这种情况,应该怎么办?
56. 至少写出两个处理二进制文件的模块。
57. 在 Python 语言中,用于创建临时文件和目录的内置模块是什么?
58. 写出两个操作文件和目录的常用模块。
59. 使用 os 模块,怎样查看当前程序的所在目录?
60. SQL 的全称是什么? 它的功能是什么?
61. 在 Python 语言中,使用数据库 API 访问数据库的一般流程是什么?
62. 编写程序,创建到当前目录下数据库 test.sqlite 的连接。
63. 定义一个字符串变量 create_users_table,其功能是创建一个数据库表 users,该表包含的属性如表 2-1 所示。

表 2-1　users 表

属 性 名	数 据 类 型	能 否 为 空	说　　明
ID	int (11)	否	用户编号(主键)
NAME	text	否	姓名
GENDER	text	否	性别
AGE	int (11)	否	年龄

64. 至少写出 connection 连接对象支持的 3 个方法。
65. 至少写出游标对象支持的 3 个方法。
66. SQL 的主键和外键分别是什么?
67. 想查看 SQLite 数据库,可以使用的开源可视化工具是什么?
68. 从两个或两个以上相关表中筛选数据时,需要执行什么操作?
69. SQLite 数据库更新记录和删除记录的关键字分别是什么?

70. 选择表 users 的所有行,用 SQL 语句怎样实现?
71. 使用 tkinter 库创建图形用户界面,需要执行几个步骤? 分别是什么?
72. 怎样加载 tkinter 模块?
73. 至少写出 5 种 tkinter 常用组件。
74. 组件的边框宽度、组件的高度和宽度分别用哪 3 个属性设置?
75. tkinter 中指定颜色的通用方法有几种? 分别是什么?
76. 设置组件的字体有几种方式? 分别是什么?
77. 锚点属性对应的属性名是什么? 用于解决什么问题?
78. 组件的边框样式用什么属性定义? 写出 3 种常用的边框样式。
79. tkinter 提供了几种布局管理器? 分别是什么?
80. pack 类包含几个属性? 分别是什么?
81. 写出下列代码的执行结果:

```
code = 'a = 1\nb = 2\nprint("sum = ", a+b)'
exec(code)
```

82. 写出下列代码的执行结果:

```
from functools import *
result = reduce(lambda x, y: y-x, [1, 2, 3])
print(result)
```

注意:reduce()不是 Python 3.x 的内置函数,它存在于 functools 模块中。

83. 下列代码的执行结果是什么? 形式参数 sep 是一种什么类型的参数?

```
def join_element(lst, sep=None):
    return (sep or ':').join(lst)


print(join_element(['one', 'two', 'three']))
print(join_element(('one', 'two', 'three'), '-'))
```

84. 下列代码的执行结果是什么?

```
def calc_prod(x, y=2, z=3):
    ''' 计算乘积 calculate product '''
    return x * y * z


print(calc_prod(x=1, z=2))
print(calc_prod(4))
print(calc_prod(4, 3))
```

85. 下列代码的执行结果是什么?

```
def get_max(*args):
    return max(args)
```

```
print(get_max(8, 2, 10))
print(get_max(5))
print(get_max(5, 6, 2))
```

86. 下列代码的执行结果是什么?

```
def f():
    x = 3
x = 2
f()  #调用 f()函数
print(x)
```

87. 下列代码的执行结果是什么?

```
def f():
    global x
    x = 3
x = 2
f()  #调用 f()函数
print(x)
```

88. 下列代码的执行结果是什么?

```
sum = 0
for i in range(10):
    sum += i
else:
    print("else 分支")
```

89. 在 Python 程序中,变量__name__的作用是什么?

90. Python 语言的运算符 &(Ampersand)有几种功能?分别是什么?

91. 已知一棵二叉树的先序序列和中序序列分别是 HDACBGFE 和 ADCBHFEG。

(1) 画出该二叉树;

(2) 写出其后序序列。

92. 可迭代对象与迭代器有何本质区别?

93. 自定义一个可迭代类 MyIterable,即 iterable 类。

94. 生成器有几种类型?分别是什么?

95. 使用 sys 模块,查看生成器 gen = (i * 2 for i in range(1000))占用的内存空间大小。

96. 由可迭代对象 obj 怎样得到迭代器?

97. 已知 a = np.array([[2, 1]]),b = np.array([[3], [2]]),则 a + b = ?

98. 创建 NumPy 数组的 4 种方法分别是什么?

99. Pandas 拥有几种数据结构,分别是什么?

100. 递归函数的定义是什么?递归函数中哪两部分构成?

2.4 编程题

1. 已知变量 a = 1,b = 2,不借助其他变量,怎样将 a 和 b 的值互换?
2. 根据从终端得到的用户名,输出问候语,如 Hello,小王。
3. 从终端得到两个数,然后输出这两个数的和。
4. 从终端得到两个数,然后输出较大的那个。
5. 从终端得到 3 个数,然后输出最大的那个。
6. 输出 100 以内的偶数。
7. 降序输出 50 以内的奇数。
8. 输出 100 以内的素数。
9. 给定两个整数,返回它们的乘积;如果乘积大于 1000,则返回它们的和。
10. 给定字符串 hello,输出索引为偶数的字符。
11. 给定字符串 hello 和整数 n=2,删除该字符串中索引从 0 到 n 的字符,返回一个新字符串。
12. 给定一个数字列表,如果列表的第一个数字和最后一个数字相同,则返回 True。
13. 给定一个整数列表,输出能被 5 整除的整数。
14. 返回字符串"中华民族是一个伟大的民族。"中"族"出现的次数。
15. 编程输出下列图形:

```
1
2 2
3 3 3
4 4 4 4
5 5 5 5 5
```

16. 回文数(Palindrome)的数字排列是左右对称的,如 121、5335、99 等都是回文数。输入一个数,判断它是否为回文数。
17. 给定两个列表 list_one = [5, 20, 23, 10]和 list_two = [12, 15, 7],创建一个新列表 result_list,使得该列表只包含第一个列表中的奇数和第二个列表中的偶数。
18. 编写一个函数,其函数头为 power(base, exp),功能是计算 base 的 exp 次幂。
19. 编程输出下列图形:

```
*
* *
* * *
* * * *
* * * * *
```

20. 使用 print()函数的格式化参数 sep,输出"大**国**重**器"。
21. 在 print()函数中使用格式控制符,将十进制数 8 输出为八进制形式。

22. 使用 print() 函数输出圆周率，保留两位小数。

23. 从终端得到由 5 个浮点数组成的列表。

24. 文本文件 test.txt 的内容，如图 2-1 所示；读取该文件，将其写入新文件 newfile.txt(第三行除外)，同时显示在终端上(第三行除外)。

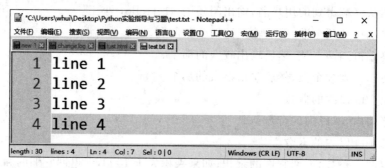

图 2-1 文本文件 test.txt 的内容

25. 使用 while 循环，打印 1~10 十个整数。

26. 使用两重循环，输出下列图形：

1
1 2
1 2 3
1 2 3 4
1 2 3 4 5

27. 从终端得到一个正整数 num，计算并输出从 1 到 num 的和。

28. 已知列表 list1 = [11, 15, 28, 42, 55, 100]，输出其中能被 2 整除的数；在迭代过程中，当一个数大于 50 时，应立即停止循环。

29. 使用 for 循环，逆序输出列表 list1 = [1, 2, 3, 4, 5]。

30. 定义一个函数 demo()，该函数有两个形参 name 和 age，在函数体中输出它们的值。

31. 定义一个函数 func1()，它能接受任意数量的参数，输出这些参数的值。

32. 定义一个函数 calc(a, b)，其功能是计算并返回 a + b、a - b。

33. 返回列表 lt = [4, 5, 20, 7]中元素的最大值。

34. 生成一个列表 lt，其元素为 4~11 的所有偶数。

35. 已知函数 f() 的定义：

```
def f(name, age):
    print(name, age)
```

给 f() 函数指定一个不同的名称 g()，使用新函数名调用它。

36. 定义一个递归函数 calc_sum()，计算 0~10 的整数之和。

37. 将字符串 str1 = "/*科技 @强 & 国!!"中的空格和标点符号用 # 代替并输出。

注意加载 string 模块。

38. 排列字符串 str1 = "GluOcODk"中的字符,使大写字母在前,小写字母在后。

39. 统计字符串 str1 = HTTPS://www.163.com 中,小写字母 lower、大写字母 upper、数字 digit 和其他字符 other 的个数。

40. 将字符串 str1 = "god"反转并输出。

41. 不考虑大小写,统计 China 在字符串 str1 = "Welcome to China. China is awesome, isn't it?"中的出现次数。

42. 给定字符串 str1 = "Chinese = 90 English = 80 Math = 78 Art = 70",返回该字符串中出现的数字的总和与平均值。本题要求使用正则表达式解决。

43. 将字符串列表 str_list = ["I", "am", "", "a", None, "teacher", ""]中的空字符串删除,得到的结果应该是 str_list = ["I", "am", "a", "teacher"]。

44. 统计字符串 str1 = "apple"中每个字符出现的次数。程序执行的结果应该是{'a': 1, 'p': 2, 'e': 1, 'l': 1}。

45. 尝试使用两重嵌套 for 循环输出下列内容:

(0,0) (0,1) (0,2)
(1,0) (1,1) (1,2)

46. 使用集合推导式生成{0, 1, 4, 9, 16}。

47. 使用字典推导式,生成字典 dict1 = {'m': 2, 'a': 4, 'b': 3, 'n': 1}。

48. 定义一个函数 fib(),该函数能输出指定范围内的斐波那契(Fibonacci)数列,如 0, 1, 1, 2, 3, 5。

49. 定义一个 lambda 函数,其功能是计算两个参数的和。

50. 编写程序,实现如下的分段函数 $f(x)$。

$$f(x) = \begin{cases} x^2 & x \leq 1 \\ 2x+1 & x > 1 \end{cases}$$

51. 定义一个有理数 Rational 类,该类有分子 x 和分母 y 两个实例属性,通过运算符重载实现两个有理数的乘法运算;另外,能以"5 / 7"的形式输出有理数。

52. 提取字符串 s = 'good123luck'中的所有单词,并输出。

53. 编写程序,打开文本文件 test.txt,并读取其中的内容。

54. 编写程序,使用 for 循环快速、高效地逐行读取 test.txt 文件。

55. 编写程序,使用 os 模块,创建多级目录 2023/11/12。

56. 创建一个最简单的 GUI,在主窗体中不添加任何组件。

57. 创建一个欢迎界面,如图 2-2 所示,其中文字"Hello, World!"使用标签组件 Label。

图 2-2 欢迎界面

58. 使用 filter() 函数,将列表 lt1 = [4, −1, 5, −8, 0.2] 中的正数过滤掉,只保留负数。

59. 使用 map() 函数,将列表 lt1 = [0, 5, 10, 15] 中每个元素的值加 5。

60. 使用 zip() 函数和 list() 函数,合并列表 lt1 = [1, 2, 3] 和 lt2 = ['Monday', 'Tuesday', 'Wednesday'],以得到一个新列表,该列表的元素为元组。

61. 随机产生 10~20 的 5 个不同整数。

62. 使用 turtle 模块,绘制双圆图案,其中圆的半径为 100 像素,如图 2-3 所示。

63. 绘制如图 2-4 所示的图形。说明:字母 E 的颜色为粉色 pink,画笔的粗细为 10 像素,组成字母 E 的边长为 50 像素。

图 2-3 双圆图案   图 2-4 字母 E

64. 给定一个网页的源代码,保存在变量 html_doc 中,提取该网页的标题和 3 个锚文本及其对应的链接。该网页在 Chrome 浏览器中的显示效果如图 2-5 所示。

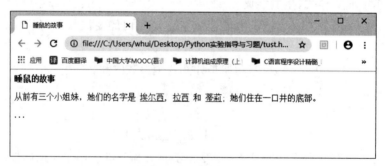

图 2-5 睡鼠的故事

```
html_doc = """
<html><head><title>睡鼠的故事</title></head>
<body>
<p class="title"><b>睡鼠的故事</b></p>

<p class="story">从前有三个小姐妹,她们的名字是
<a href="http://example.com/elsie" class="sister" id="link1">埃尔西</a>,
<a href="http://example.com/lacie" class="sister" id="link2">拉西</a> 和
<a href="http://example.com/tillie" class="sister" id="link3">蒂莉</a>;
她们住在一口井的底部。</p>

<p class="story">...</p>
```

```
</body>
</html>
"""
```

65. 生成并输出一个长度为 10 的字符串,该字符串由 52 个大小写英文字母或 10 个阿拉伯数字组成,并且不允许重复。

66. 随机生成 10 个 [1,20] 的整数,然后统计并输出每个整数出现的频率。

67. 编程实现分段函数的计算,自变量 x 与因变量 y 之间的关系如表 2-2 所示。

表 2-2 分段函数

x	y
$x<0$	0
$0 \leqslant x<5$	x
$5 \leqslant x<10$	$3x-4$
$x \geqslant 10$	$0.5x-3$

68. 绘制一个边长为 100 像素的等边三角形,如图 2-6 所示。

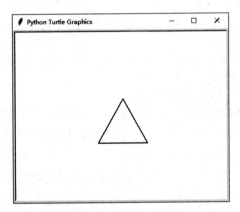

图 2-6 等边三角形

69. 绘制一个边长为 100 像素的正方形,如图 2-7 所示。

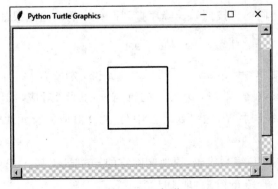

图 2-7 正方形

70. 输入一个华氏温度,要求输出摄氏温度。公式为 $c=\dfrac{5}{9}(f-32)$,输出要有文字提示,结果保留两位小数。

71. 给出一个百分制的成绩,要求输出成绩等级'A'、'B'、'C'、'D'、'E'。90 分以上为'A',80~89 分为'B',70~79 分为'C',60~69 分为'D',60 分以下为'E'。

72. 给出一个不多于 5 位的正整数,要求:①求它是几位数;②输出每位上的数字;③按逆序输出各位上的数字,如原数为 351,应输出 153。

73. 输入 4 个整数,要求按由小到大的顺序输出。

74. 输入两个正整数 m 和 n,求其最大公约数和最小公倍数。

75. 输出所有的"水仙花数"。所谓"水仙花数",是指一个三位数,其各位数字的立方和等于该数本身,例如,153 是一个水仙花数,因为 $153=1^3+5^3+3^3$。

76. 如果一个数恰好等于它的所有因子之和,则这个数被称为"完数"。例如,6 的因子为 1,2,3,而 $6=1+2+3$,因此 6 是"完数"。编写程序,找出 100 内的所有完数,并按照下面的格式输出其所有的因子:

6 的因子是 1,2,3

77. 三角形的面积为

$$\text{area}=\sqrt{s\cdot(s-a)\cdot(s-b)\cdot(s-c)}$$

其中,$s=\dfrac{1}{2}(a+b+c)$,a,b,c 为三角形的三条边。编写程序,给定三角形的三条边长,求三角形的面积 area。

78. 已知数组 a = np.array([[1], [2]]),编写代码,查看并输出该数组的形状。

79. 已知数组 a = np.array([[1], [2]]),将其形状修改为 1 行 2 列。

80. 定义一个 3 行 2 列的全 1 数组 a。

81. 使用字典 dt = {'col1': [0, 1], 'col2': [3, 6]}创建数据框架 df,并输出 df。

82. 使用列表 lt = [[2, 3], [4, 1]]创建一个数据框架 df,将其列标签修改为['c1', 'c2']。

83. 生成[0, 10)范围的等差数列 a,步长为 5。

84. 将字典中的数据 dt = {"zhang": 88, "wang": 90, "li": 90, "sun": 88},先按照成绩升序排列,成绩相同的再按照姓氏降序排列。程序的输出结果如下所示。

[('zhang', 88), ('sun', 88), ('wang', 90), ('li', 90)]

85. 已知二维数组 X = np.array([[1, 5, 2], [2, 3, 2], [2, 4, 3], [4, 1, 7]])和一维数组 y = np.array([0, 1, 1, 0]),X 的行与 y 的元素对应,如[1, 5, 2]与 0 对应、[2, 3, 2]与 1 对应。编写程序,输出数组 X 中与 y=0 对应的行元素中第 2 和第 3 列数据(下标分别为 1 和 2)。

86. 已知数据框架 df,编写代码,原地删除它的 weekday 列。

87. 编写代码,计算 10 的阶乘,即 10!

88. 编写代码,计算并输出斐波那契数列前 10 项。斐波那契数列的数学公式如下所示。

$F(0)=1$

$F(1)=1$

$F(n)=F(n-1)+F(n-2)\quad(n\geqslant 2)$

89. 已知一个 CSV 文件 test.csv 的内容如下所示。将该文件读取到一个数据框架 df 中并输出。

```
3,'b'
1,'a'
2,'c'
```

90. 编写一个递归函数 perm(lt),使其能对列表 lt 进行全排列。

```
def perm(lt, start, end):
    """ 对列表 lt 进行全排列,start 表示开始位置,end 表示结束位置 """
```

91.

(1) 定义一个字体类 Font,其拥有两个属性:字体颜色 color 和字体尺寸 size;

(2) 定义方法 speak(),输出所有的属性信息;

(3) 实例化 Font 类,其字体颜色为 red,字体尺寸为 14。

输入样例:

红色
14

输出样例:

字体颜色为红色,字体尺寸为 14

92. 使用 Matplotlib 绘制与下列方程对应的曲线,其中 t = np.arange(0, 5, 0.02):

y = np.exp(-t) * np.sin(2 * np.pi * t)

93. 已知数组 a = np.array([1, 5, 2, 4, 2]),编写代码,求其众数和中位数。

94. 已知数组 a = np.array([1, 5, 2]),b = np.array([3, 2, 4]),以 a、b 为列创建一个新数组 c。

95. 使用 Python 的标准库 turtle 绘制一个红色五角星,如图 2-8 所示。

96. 现有 n 个橘子,想将这 n 个橘子分成若干份,要求每份的橘子个数相等,问一共有多少种方案。例如:有 4 个橘子,分成 1 份时,每份 4 个;分成 2 份时,每份 2 个;分成 4 份时,每份 1 个,因此一共有 3 种方案。

图 2-8 红色五角星

输入样例:

输入物品的数量:4

输出样例：

方案总数：3

97. 已知列表 lt = [5,2,4,7,3]，编写代码，找出其中第二大的数。

98. 编写代码，输出下列图形。

```
    *
   * *
  * * *
 * * * *
  * * *
   * *
    *
```

99. 已知列表 lt = [5,12,4,3,11]，将其中大于10的数保存在字典 dt 的第一个键 A 中，其他值保存在第二个键 B 中。

输入样例：

无须输入

输出样例：

{"A":[12, 11], "B":[5, 4, 3]}

100. 使用 Python 语言实现一个算法，用于确定一个数是否"快乐"。快乐的数按照如下方式确定：从一个正整数开始，用其各个数位上数字的平方和代替该数，并重复这个过程，直到最后要么收敛等于1，要么无休止地循环下去且不等于1。最终能收敛等于1的数就是快乐的数。19 就是一个快乐的数，其计算过程如下所示。

$1^2+9^2=82$

$8^2+2^2=68$

$6^2+8^2=100$

$1^2+0^2+0^2=1$（最终收敛为1）

输入样例1：

19

输出样例1：

Yes

输入样例2：

2

输出样例2：

No

第 3 章
练习题参考答案

3.1 填空题参考答案

1. 解释
2. 交互式、文件式
3. 面向对象
4. py
5. import
6. PyInstaller
7. dist
8. pip list
9. PyCharm、Jupyter Notebook 等
10. Tab
11. Alt ＋ 3
12. Alt ＋ 4
13. 编辑模式、命令模式
14. 可变类型、不可变类型
15. 字符串、列表、元组
16. 整数、浮点数、复数
17. True、False
18. 字典
19. 二进制、八进制、十进制、十六进制
20. 0b 或 0B、0o 或 0O、0x 或 0X
21. 22
22. '0b11' 或 '0B11'
23. '0o13' 或 '0O13'
24. '0x14' 或 '0X14'
25. 带小数点的一般形式、科学记数法

26. 2.0

27. 2

28. 2

29. 3.142

30. 5

31. j、J

32. x.real、x.imag

33. 4＋3j 或 4＋3J

34. 5.0

35. 前后顺序、相同的

36. 单行字符串、多行字符串

37. 单引号、双引号

38. 三个单引号、三个双引号

39. 0、－1

40. 1

41. 'n'

42. 'th'

43. 'Pto'

44. ''

45. ''

46. 'yh'

47. 'Python'

48. 'dog'

49. 字符串、元组

50. type()

51. '5'

52. 单行注释、多行注释

53. 5.0

54. 5.0

55. 抛出异常

56. 1

57. 5

58. 抛出异常

59. '(4＋3j)'

60. '1.5'

61. 转义字符或反斜杠或"\"

62. 转义字符

63. 转义字符或反斜杠或"\"
64. \n、\r、\t、\v、\f 等
65. UTF-8、UTF-16、UTF-32
66. '0o101'
67. 元素或项
68. numbers.append(5)
69. [1, 2, 1, 2]
70. [1, 2, 3]
71. 2
72. 1
73. [3, 2, 1]
74. [1, 3]
75. [2, 3]
76. 0
77. 3
78. ['a', 'b']
79. t.extend([3, 1])
80. t.append([3, 1])
81. t.insert(1, 5)
82. t.reverse()
83. [1, 2, 5]
84. [5, 2, 1]
85. [1, 5, 2]
86. 不可变的
87. (5,)
88. (2, 1, 2, 1)
89. ()
90. (1, 5)
91. ('a', 'b')
92. 元组
93. a, b = b, a
94. sort()
95. False
96. False
97. False
98. True
99. False

100. 'aaa'

101. 成员资格测试、消除重复元素

102. {1}

103. {2, 3}

104. st.add(2)

105. {1, 2}

106. True

107. { }

108. dt["a"] = 3

109. ['b', 'a']或['a','b']

110. ['b', 'a']或['a','b']

111. [3, 1]或[1,3]

112. [('b', 3), ('a', 1)]或[('a', 1), ('b', 3)]

113. 'not exists'

114. 1

115. dt 不变,即 dt = {'b': 3, 'a': 1}

116. {'b': 3, 'a': 1, 'c': 2}

117. 2

118. {'a': 1}

119. 1=2=3♯

120. 3

121. '5'

122. input()、print()

123. 2.0

124. 1

125. 3

126. −3

127. −3

128. 2

129. 2.5

130. 8

131. 0.25

132. 1

133. False

134. and、or、not、not

135. False

136. True

137. False

138. False

139. 5

140. hello

141. False

142. 2

143. 8

144. 6

145. 14

146. -13

147. 3

148. 11110011

149. False

150. False

151. True

152. 选择、循环

153. while、for

154. 多分支结构

155. 循环次数已知的情况

156. [1, 3]

157. (0, 1, 2, 3, 4)

158. {1, 2, 3, 4}

159. else

160. [0, 1, 4]

161. def

162. 单星操作符*、双星操作符**

163. 默认值

164. 必选、可选

165. 按位置赋值、按关键字赋值

166. 终止条件、递归条件

167. lambda

168. 作用域

169. 局部变量、全局变量

170. global

171. class

172. 抽象或概括

173. __init__()

174. 实例、类

175. 实例

176. type()

177. 是否属于类型 T

178. 多重继承

179. 多态

180. 封装、继承、多态

181. 公共属性

182. @classmethod

183. @staticmethod

184. super()

185. __add__()

186. import

187. 一个扩展名为 py 的文件

188. 一个文件夹、__init__.py

189. as

190. __init__.py

191. random

192. random.seed(42)

193. choice()

194. [0, 1)

195. 0、1

196. 随机选择并返回 x 中的 k 个元素

197. time

198. sleep()

199. time()

200. 四位数的年份

201. 0

202. 'god'

203. 'ONE'

204. False

205. True

206. 'one'

207. 'ab'

208. 5

209. 'a=b'

210. 32

211. re

212. 普通字符

213. 元字符

214. \w

215. \d

216. 空白

217. t、d

218. ^

219. \b

220. ＋

221. {m,n}

222. {m}

223. group()

224. re.I

225. re.M

226. re.S

227. ['a', 'b', 'c']

228. ['a', 'b', 'c']

229. 异常

230. 抛出异常

231. except

232. finally

233. raise

234. 集成

235. I/O 操作错误

236. unittest

237. 可见

238. open()

239. rt

240. with

241. seek()

242. tell()

243. wb＋或 rb＋

244. 美国标准信息交换码或 American Standard Code for Information Interchange

245. 1～4

246. closed 或 mode 或 name

247. 文件末尾或 End of File

248. 最多读取并返回 n 个字符。如果 n 为负数或空，则读取文件的所有内容

249. read()、readline()、readlines()

250. write()、writelines()

251. scandir()

252. 创建文件夹

253. 既可以创建单个文件夹，又可以创建目录树

254. 遍历目录

255. tempfile

256. os.remove() 或 os.unlink()

257. os.rmdir()

258. os.getcwd()

259. os.chdir()

260. pickle、shelve、marshal

261. 大量数据的

262. sqlite3

263. 结构化查询语言或 Structured Query Language

264. SELECT

265. WHERE

266. INSERT INTO

267. UPDATE

268. DELETE

269. JOIN

270. GROUP BY

271. commit()

272. count()

273. 执行相关操作

274. SQLite

275. connect()、cursor()、execute()

276. 父容器

277. Button、Canvas、Checkbutton

278. font

279. c、i、m、p

280. 内边距、外边距

281. anchor

282. cursor

283. pack、grid、place

284. 按下任意键

285. 文本框或 Entry

286. 标签或 Label

287. 延迟 5ms 后，调用 callback 函数

288. Text

289. [True，'0'，'a']

290. [1，4，7]

291. 9

292. [(1，'b')]

293. [(0，'a')]

294. '＝中国梦＝'

295. '0.62'

296. 2

297. [2，1]

298. 生成器表达式、生成器函数

299. 可迭代对象

300. arange()、linspace()、logspace()

301. 5

302. 10、15、20、25

303. 12

304. 0 或 1

305. (2，2)

306. resize()或 reshape()或 ravel()

307. 将数组 a 和 b 水平堆叠

308. hsplit()

309. array_split()

310. Series、DataFrame

311. 2、2

312. 异构

313. hist()

314. plot()

315. show()

316. 样式字符

317. text()

318. ONE

319. lie

320. s[int(len(s) / 2)]或 s[len(s) // 2]

321. 'Not Exists'

322. －1

323. IDLE、pip

324. seek()、tell()

325. F5 键

326. Package Installer for Python

327. 命令提示符 cmd、Scripts

328. sys.executable

329. 基本型、组合型

330. 5

331. 17

332. 42

333. 60

334. 0.5

335. '0b11'

336. '0o12'

337. '0xc'

338. round()

339. 列表、元组、集合、字典

340. 1.23

341. a.real、a.image

342. 5.0

343. 1.5

344. 'e'

345. 'dog'

346. str()

347. 5

348. '11'

349. 8

350. 'haha'

351. 'haha'

352. 'goodidea'

353. 3

354. [1, 2, 3, 1]

355. (1, 2, 3, 1)

356. ['b', 'd', 'a']

357. ['a', 'd', 'b']

358. ['d', 'a']

359. ['d']

360. ['b', 'e']

361. ['g', 'o', 'd']

362. ['amazing', 'China']

363. 'just=for=fun'

364. 'C-C-T-V'

365. 'a'

366. ('o', 'n', 'e')

367. 2

368. 0

369. 'qq.com'

370. {'n', 'a', 'b'}，元素的顺序无关紧要

371. hash()

372. 字符串

373. 4.6

374. 5

375. Just-for-Fun

376. 1

377. 8

378. 12

379. －13

380. 72

381. 15

382. g-o-o-d-

383. [0，1，2，3，4]

384. object 类

385. ''

386. False

387. '26'

388. False

389. 'c'

390. 'g-o-o-d'

391. 'a blue blue rose'

392. 'fun'

393. ['one', 'two', 'three']

394. ['1', '3']

395. WHERE 子句

396. background 或 bg、foreground 或 fg

397. [6，7，8，9]

398. 6

399. [2，4]

400. [(0，'a')，(1，'b')]

401. 3

402. 5

403. in

404. 低耦合、高内聚

405. 数据约束

406. 物理模型

3.2 单选题参考答案

1-5　　D A D B B

6-10　　C B A A C

11-15　　D C C D D

16-20　　D D D D B

21-25　　D D D C D

26-30　　B A B B A

31-35　　B D C B D

36-40　　B A A C C

41-45　　D C D D A

46-50　　C B D A A

51-55　　D D C C C

56-60　　D B D D D

3.3 简答题参考答案

1. 对浮点数 x 进行四舍五入，保留 d 位小数。

2. 安装 module 模块：pip install module

查看本机已安装的所有模块：pip list

升级 module 模块：pip install --upgrade module

3. Python Package Index。PyPI 是 Python 语言的软件库。

4. pyinstaller -F demo.py

5. 5、6

6. 两种，分别是单行字符串和多行字符串。

单行字符串用一对单引号(')或一对双引号(")作为边界；

多行字符串用一对三单引号(''')或一对三双引号(""")作为边界。

7. 两种，分别是单行注释和多行注释。

8. 以一个反斜杠"\"开头的字符序列。

退格符\b，换行符\n，回车符\r，水平制表符\t。

9. 反斜杠(\)也是续行符，也就是将一行代码写成两行或两行以上，一般用于代码较长的行，以增加可读性。

10. UTF-8、UTF-16 和 UTF-32。

11. 只能使用 52 个大小写英文字母、0 ～ 9 十个阿拉伯数字和一个下画线"_"；

变量名不能以数字开头；

不能用 Python 解释器使用的关键字(Keyword)。

12. 两种，分别是 list() 和 []。

13. 中括号运算符 []。

14. 3 种，分别是 pop()、del 和 remove()。

15. 'b'、['a', 'c']。

16. 元组是不可改变的(Immutable)。

17. 两种，分别是 tuple() 和 ()。

18. 一种，set()。

19. 两种，分别是 dict() 和 {}。

20. {'g', 'f'} 或 {'f', 'g'}。

21. ['b', 'a', 'c']。

22. input() 函数。

23. 3 / 2 = 1.5

24. (1) 3.5　　　　　(6) 1

　　(2) 3　　　　　　(7) 5.0

　　(3) −4　　　　　(8) True

　　(4) (3, 1)　　　　(9) False

　　(5) 9　　　　　　(10) False

25. 10001101、11110010、11110011

26. 两个，分别是 is 和 is not。

27. 两种，分别是选择结构和循环结构。

28. 两种，分别是 for 循环和 while 循环。

29. for 和 while 循环分别适用于循环次数已知和循环次数未知的情况。

30. 1 2 3 4。

31. 4

　　6

　　7

else 分支。

32. 两种,分别是局部变量和全局变量。

33. 两种,分别由单星*操作符和双星**操作符定义。

34. class

35. 两种,分别是类方法和实例方法。

36. 两种,分别是类属性和实例属性。

37. 多重继承(Multiple Inheritance)

38. 3 种,分别是私有成员、保护成员和公共成员。

公共成员能在类的外部访问;保护成员可以在该成员所在类及其子类中访问;私有成员只能在该成员所在类中使用。

39. 如果一个父类及其子类使用了完全相同的方法名,但有不同的实现方式,这种现象叫作多态(Polymorphism)。

40. __new__()构造方法,创建实例时自动调用;

__init__()实例的初始化方法;

__del__()析构方法,释放实例时自动调用。

41. 这两种方法几乎是等价的。唯一的区别:如果找不到子串,index()方法抛出异常,而 find()方法返回-1。

42. 字符串 s 的值保持不变,即 s = 'fun\t\n'。

43. 点".", 匹配行首"^"、匹配行尾"$"。

44. ['', 'a', 'b', 'c']。

注意:结果列表的第一个元素为空。

45. try-except 语句和 raise 语句。

46. finally 子句和 else 子句。

47. BaseException 类。

48. 两种,分别是单元测试(Unit Test)和集成测试(Integration Test)。

49. 无论是否发生异常情况,都需要执行一些清理操作的地方,比如关闭文件。

50. open('test.dat', 'wb+')

51. 空字符串""。注意不是空格' ',也不是空行\n。

52. close()、read()、write()、tell()。

53. open()是 Python 语言的一个内置函数,用于打开文件。

54. r 只读模式(默认)、w 只写模式、a 追加模式。

55. 使用 try…finally 异常处理结构或者使用 with 语句。

56. pickle 模块和 shelve 模块。

57. tempfile 模块。

58. os 模块、shutil 模块和 pathlib 模块。

59.

```
import os
```

```
print(os.getcwd())
```

60. SQL 是 Structured Query Language 的缩写,它是一种结构化查询语言。使用 SQL 可以实现与数据库交互。

61. 一般流程包括 5 个步骤:

① 创建数据库连接 connection;

② 获取游标 cursor;

③ 执行相关操作;

④ 关闭游标 cursor;

⑤ 关闭数据库连接 connection。

62.

```
import sqlite3
from sqlite3 import Error
try:
    connection = sqlite3.connect('test.sqlite')
except Error as e:
    print(e)
finally:
    connection.close()
```

63.

```
create_users_table = """CREATE TABLE IF NOT EXISTS users(
ID INTEGER PRIMARY KEY AUTOINCREMENT,
NAME TEXT NOT NULL,
GENDER TEXT NOT NULL,
AGE INTEGER NOT NULL
);"""
```

64. cursor()用于创建并返回一个游标对象、commit()用于提交当前事务、close()用于关闭连接。

65. execute()用于执行一条 SQL 语句、fetchone()用于获取查询结果集的下一行、fetchall()用于获取查询结果集的所有行、close()用于关闭游标对象。

66. PRIMARY KEY 主键;FOREIGN KEY 外键。

67. DB Browser (SQLite)。

68. 连接操作。

69. Update 和 Delete。

70. SELECT * FROM users

71. 4 个步骤:

① 加载 tkinter 模块;

② 创建主窗口;

③ 在应用程序中添加一个或多个组件,比如按钮 Button;

④ 进入主事件循环。

72. import tkinter 或 from tkinter import *

73. Button 按钮组件、Canvas 画布组件、Checkbutton 复选按钮、Label 标签组件、Text 文本组件。

74. borderwidth 或 bd、height、width。

75. 两种,分别为

(1) 可以使用字符串,指定十六进制数字中 RGB 的比例。比如,"#fff"表示白色、"#000000"表示黑色、"#000fff000"表示纯绿色。

(2) 可以使用任何本地定义的标准颜色名称,比如白色"white"。

76. 两种,分别为

(1) 作为字体属性使用。

首先生成一个字体实例:

```
import tkinter.font as tkFont
ft = tkFont.Font(family="隶书", size=14, weight=tkFont.BOLD, slant=tkFont.ITALIC)
```

然后将其作为字体属性使用:

```
label = Label(root, text="字体设置", font=ft)
```

在上述代码中,字体实例 ft 被作为标签组件的字体属性 font 使用。

(2) 以字体三元组的方式使用。

其实第一种使用方式,完全可以用一行代码代替:

```
label = Label(root, text="字体设置", font=("隶书", 14, "bold italic"))
```

上述代码中的 font=("隶书",14,"bold italic"),就是一个字体三元组。此处 font 是一个元组,其由 3 个元素构成。

77. anchor;用于定义文字放置位置的参照点。

78. relief 属性。常用的边框样式有 FLAT、SUNKEN、RAISED。

79. 3 种,分别是 pack 类、grid 类和 place 类。

80. 3 个属性,分别是 side 属性、expand 属性和 fill 属性。

81. sum = 3。

82. 2

83.

```
one:two:three
one-two-three
```

sep 是可选参数/关键字参数。

84.

4
24
36

85.

10
5
6

86. 2

87. 3

88. else 分支

89. __name__ 变量是 Python 的内置变量。每个 Python 模块都有一个 __name__ 变量。如果程序被作为模块加载,则其 __name__ 变量的值被自动设置为模块名;如果程序是独立运行的,则其 __name__ 属性值被自动设置为 __main__。利用 __name__ 变量可控制 Python 程序的运行方式。

90. 两种功能,分别是位运算和集合的交集运算。

```
>>> 0b101 & 0b011
1
>>> 0b101 & 0b110
4
>>> st1 = {1, 5, 3}
>>> st2 = {3, 2, 4}
>>> st1 & st2
{3}
```

91. (1) 二叉树如图 3-1 所示。

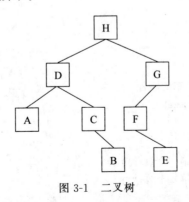

图 3-1 二叉树

(2) 后序序列:ABCDEFGH。

92. 迭代器是一次性的,而可迭代对象能执行无数次迭代循环。

93.
```
>>> class MyIterable:
        def __iter__(self):
            pass
>>> it = MyIterable()
>>> isinstance(it, Iterable)
True
>>> isinstance(it, Iterator)
False
```

94. 两种，分别是生成器表达式和生成器函数。

95.
```
>>> import sys
>>> gen = (i * 2 for i in range(1000))
>>> sys.getsizeof(gen)
120
```

96. iter(obj)

97.
```
a + b = array([[5, 4],
       [4, 3]])
```

98. array()、arange()、linspace()和 logspace()

99. Series 和 DataFrame

100. 一个函数在其函数体内部调用它自身，这种函数叫作递归函数。递归函数由终止条件和递归条件两部分构成。

3.4 编程题参考答案

1. a, b = b, a

2.
```
user_name = input("输入您的姓名:")
print("Hello,", user_name)
```

3.
```
num1 = int(input("输入第一个数:"))
num2 = int(input("输入第二个数:"))
print(num1 + num2)
```

4.
```
num1 = int(input("输入第一个数:"))
```

```
num2 = int(input("输入第二个数:"))
if num1 > num2:
    print("第一个数大:", num1)
else:
    print("第二个数大:", num2)
```

5.

```
n1 = int(input("输入第一个数:"))
n2 = int(input("输入第二个数:"))
n3 = int(input("输入第三个数:"))
if n1 >= n2 and n1 >= n3:
    print("第一个数最大:", n1)
elif n2 >= n1 and n2 >= n3:
    print("第二个数最大:", n2)
else:
    print("第三个数最大:", n3)
```

或者

```
n1 = int(input("输入第一个数:"))
n2 = int(input("输入第二个数:"))
n3 = int(input("输入第三个数:"))
print(max(n1, n2, n3))
```

6.

```
for num in range(2, 100, 2):
    print(num)
```

7.

```
for num in range(50, 0, -1):
    if num % 2 == 1:
        print(num)
```

8.

```
import math
def is_prime(num):
    divisor = int(math.sqrt(num)) + 1

    for i in range(2, divisor):
        if num % i == 0:
            return False
    return True

for num in range(2, 100):
```

```python
        if is_prime(num):
            print(num)
```

9.

```python
    def mul_or_sum(num1, num2):      #mul 代表 multiplication
        product = num1 * num2
        if product <= 1000:
            return product
        else:
            return num1 + num2
num1 = 30
num2 = 20
result = mul_or_sum(num1, num2)
print("The result is:", result)
```

一个更简洁的答案如下：

```python
a, b = int(input("输入第一个整数:")), int(input("输入第二个整数:"))
prod = a * b
print(prod if prod <= 1000 else a + b)
```

10.

```python
user_str = 'hello'
for i in range(0, len(user_str), 2):
    print(user_str[i])
```

一个更简洁的答案如下：

```python
user_str = input("输入一个字符串:")
print(user_str[0::2])
```

11.

```python
def remove_chars(str, n):
    return str[n+1:]
print(remove_chars('hello', 2))
```

12.

```python
def first_last_is_same(number_list):
    first_element = number_list[0]
    last_element = number_list[-1]
    if first_element == last_element:
        return True
    else:
        return False
result = first_last_is_same([10, 20, 30, 40, 10])
```

```
print("result is:", result)
```

13.

```
def divided_by_five(num):
    if num % 5 == 0:
        return True
    else:
        return False
number_list = [10, 33, 25, 55, 46]
for num in number_list:
    if divided_by_five(num):
        print(num)
```

14.

```
sample_str = "中华民族是一个伟大的民族。"
count = sample_str.count('族')
print(count)
```

15.

```
for num in range(1, 6):
    for i in range(num):
        print(num, end=' ')
    print()
```

16.

```
number = input("输入一个整数:")
if number == number[::-1]:
    print("是回文数")
else:
    print("不是回文数")
```

17.

```
def merge_list(list1, list2):
    list3 = []
    for num in list1:
        if num % 2 != 0:
            list3.append(num)
    for num in list2:
        if num % 2 == 0:
            list3.append(num)
    return list3
list_one = [5, 20, 23, 10]
list_two = [12, 15, 7]
```

```
print("第一个列表:", list_one)
print("第二个列表:", list_two)
result_list=merge_list(list_one, list_two))
print("新列表:",result_list)
```

18.

```
def power(base, exp):
    result = base ** exp
    return result

base = int(input("输入底数:"))
exp = int(input("输入指数:"))
print("结果等于:", power(base, exp))
```

19.

```
for i in range(5):
    for j in range(i+1):
        print(" * ", end="")
    print()
```

一个更简洁的答案如下：

```
for i in range(1, 6):
    print(" * " * i)
```

20. `print('大', '国', '重', '器', sep='**')`

21. `print("%o" % 8)`

22.

```
import math
print("%.2f" % math.pi)
```

23.

```
float_numbers = []
for i in range(5):
    print("输入下标为", i, "的浮点数:")
    num = float(input())
    float_numbers.append(num)

print(float_numbers)
```

24.

```
with open("test.txt") as fin:
    lines = fin.readlines()
```

```
count = 0
with open("newfile.txt", 'w') as fout:
    for line in lines:
        count += 1
        if count != 3:
            fout.write(line)
            print(line, end='')
```

25.

```
num = 1
while num <= 10:
    print(num)
    num += 1
```

26.

```
for row in range(1, 6):
    for column in range(1, row+1):
        print(column, end=' ')
    print()
```

27.

```
num = int(input("输入一个正整数:"))
sum = 0
for i in range(1, num+1):
    sum += i
print("The sum is:", sum)
```

28.

```
list1 = [11, 15, 28, 42, 55, 100]
for num in list1:
    if num > 50:
        break
    if num % 2 == 0:
        print(num)
```

29.

```
list1 = [1, 2, 3, 4, 5]
start = len(list1) - 1
stop = -1
for i in range(start, stop, -1):
    print(list1[i])
```

30.
```
def demo(name, age):
    print(name, age)

demo('Mike', 20)
```

31.
```
def func1(*args):
    for arg in args:
        print(arg, end=' ')

func1(5, 3, 2)
func1('a', 'nice', 'day')
```

32.
```
def calc(a, b):
    return a+b, a-b

print(calc(5, 3))
```

33.
```
lt = [4, 5, 20, 7]
print(max(lt))
```

34. `print(list(range(4, 12, 2)))`

35.
```
def f(name, age):
    print(name, age)

f('Kate', 21)
g = f
g('Kate', 21)
```

36.
```
def calc_sum(num):
    if num:
        return num + calc_sum(num-1)
    else:
        return 0

result = calc_sum(10)
print(result)
```

37.

```
import string

str1 = "/*科技@强&国!!"
for ch in str1:
    if ch == ' ' or ch in string.punctuation:
        str1 = str1.replace(ch, '#')
print(str1)
```

38.

```
str1 = "GluOcODk"
lower = []
upper = []
for ch in str1:
    if ch.islower():
        lower.append(ch)
    else:
        upper.append(ch)
str2 = ''.join(upper + lower)
print(str2)
```

39.

```
str1 = "HTTPS://www.163.com"
lower, upper, digit, other = 0, 0, 0, 0
for ch in str1:
    if ch.islower():
        lower += 1
    elif ch.isupper():
        upper += 1
    elif ch.isdigit():
        digit += 1
    else:
        other += 1
print("Lower chars=", lower)
print("Upper chars=", upper)
print("Digit chars=", digit)
print("Other chars=", other)
```

40.

```
str1 = "god"
print(str1[::-1])
```

41.

```
str1 = "Welcome to China. China is awesome, isn't it?"
count = str1.lower().count("china")
print("The China count is:", count)
```

42.

```
import re
str1 = "Chinese = 90 English = 80 Math = 78 Art = 70"
score_list = [int(num) for num in re.findall(r'\b\d+\b', str1)]
print("The sum is:", sum(score_list))
print("The average is:", sum(score_list)/len(score_list))
```

43.

```
str_list = ["I", "am", "", "a", None, "teacher", ""]
new_str_list = list(filter(None, str_list))
print(new_str_list)
```

44.

```
str1 = "apple"
count_dict = dict()
for ch in str1:
    count = str1.count(ch)
    count_dict[ch] = count
print(count_dict)
```

45.

```
for row in range(2):
    for col in range(3):
        print("({},{})".format(row, col), end=' ')
    print()
```

46. `{i**2 for i in range(5)}`

47.

```
lt1 = ['a', 'b', 'm', 'n']
lt2 = [4, 3, 2, 1]
dict1 = {k:v for k, v in zip(lt1, lt2)}
```

48.

```
def fib(n):
    '''Print a Fibonacci series up to n.'''
    a, b = 0, 1
    while a < n:
```

```
        print(a, end=' ')
        a, b = b, a+b
    print()
fib(20)                    #输出20以内的斐波那契数列
```

49.

```
f = lambda x, y: x + y
print(f(2, 1))
```

50.

```
def f(x):
    if x <= 1:
        return x * x
    else:
        return 2 * x + 1

if __name__ == '__main__':
    print(f(1))
```

51.

```
class Rational:
    """ 定义一个Rational有理数类
    属性:分子x, 分母y,
    """
    def __init__(self, x = 0, y = 1):
        self.x = x
        self.y = y
    def __str__(self):
        return "%d / %d" % (self.x, self.y)
    __repr__ = __str__
    def __mul__(self, other):
        return Rational(self.x * other.x, self.y * other.y)
if __name__ == '__main__':
    r1 = Rational(1, 2)
    r2 = Rational(1, 3)
    print(r1 * r2)
```

52.

```
import re
s = 'good123luck'
word_list = re.findall('[a-zA-Z]+', s)
for word in word_list:
    print(word)
```

53.
```
with open('test.txt') as fp:
    fp.read()
```

54.
```
with open('test.txt') as fp:
    for line in fp:
        print(line)
```

55.
```
import os
try:
    os.makedirs('2023/11/12')
except Exception as ex:
    print(ex)
```

56.
```
import tkinter

root = tkinter.Tk()
root.mainloop()
```

57.
```
from tkinter import Tk, Label              #加载tkinter模块中的Tk和Label类
root = Tk()                                #创建主窗体root
root.title("欢迎界面")                      #设置窗口的标题
lb = Label(root, text="Hello, World!")     #调用Label()方法创建标签lb,root是lb
                                           #的父容器
lb.pack()                                  #调用布局管理器pack()方法
root.mainloop()                            #进入主循环,显示主窗体root
```

58.
```
lt1 = [4, -1, 5, -8, 0.2]
lt2 = list(filter(lambda x: x<0, lt1))
print(lt2)
```

59.
```
lt1 = [0, 5, 10, 15]
lt2 = list(map(lambda x: x+5, lt1))
print(lt2)
```

60.

```
lt1 = [1, 2, 3]
lt2 = ['Monday', 'Tuesday', 'Wednesday']
lt3 = list(zip(lt1, lt2))
print(lt3)
```

61.

```
import random

lt = []
count = 0
while True:
    num = random.randint(10, 20)
    if num in lt:
        continue
    lt.append(num)
    count += 1
    if count >= 5:
        break
print(lt)
```

或者

```
import random

lt = list(range(10, 21))
lt = random.sample(lt, 5)
print(lt)
```

62.

```
import turtle

t = turtle.Turtle()
t.pensize(2)
t.pencolor("blue")
t.circle(100)
t.penup()
t.forward(100)
t.pendown()
t.circle(100)
t.ht()
```

63.

```
import turtle

t = turtle.Turtle()
```

```python
t.penup()
t.goto(-20, 40)
t.pendown()
t.pensize(10)
t.pencolor("pink")
t.forward(100)
t.backward(100)
t.right(90)
t.forward(100)
t.left(90)
t.forward(100)
t.backward(100)
t.right(90)
t.forward(100)
t.left(90)
t.forward(100)
t.ht()
turtle.done()
```

64.

```python
from bs4 import BeautifulSoup

html_doc = """
<html><head><title>睡鼠的故事</title></head>
<body>
<p class="title"><b>睡鼠的故事</b></p>

<p class="story">从前有三个小姐妹,她们的名字是
<a href="http://example.com/elsie" class="sister" id="link1">埃尔西</a>,
<a href="http://example.com/lacie" class="sister" id="link2">拉西</a> 和
<a href="http://example.com/tillie" class="sister" id="link3">蒂莉</a>;
她们住在一口井的底部。</p>

<p class="story">...</p>
</body>
</html>
"""
soup = BeautifulSoup(html_doc, 'html.parser')
title = soup.find('title')
print("网页的标题:", title.text)
link_list = soup.find_all('a', class_='sister')
for link in link_list:
    print("锚文本:", link.text)
    print("   对应的链接:", link['href'])
```

上述代码的执行结果,如图 3-2 所示。

> 网页的标题：睡鼠的故事
> 锚文本：埃尔西
>   对应的链接：http://example.com/elsie
> 锚文本：拉西
>   对应的链接：http://example.com/lacie
> 锚文本：蒂莉
>   对应的链接：http://example.com/tillie

图 3-2　网页信息提取

65.

```
import string
import random

s = string.ascii_letters + string.digits
print("".join(random.sample(s, 10)))
```

66.

```
import random

lst = []
for i in range(10):
    lst.append(random.randint(1, 20))
print(lst)
st = set(lst)
for i in st:
    print(i, '=>', lst.count(i))
```

或者

```
import random

lst = [random.randint(1, 20) for i in range(10)]
print(lst)
dt = dict()
for i in lst:
    dt[i] = dt.get(i, 0) + 1
for k, v in dt.items():
    print(k, '=>', v)
```

67.

```
def calc_y(x):
    if x < 0:
        return 0
    elif x < 5:
```

```
        return x
    elif x < 10:
        return 3 * x - 4
    else:
        return 0.5 * x - 3

if __name__ == '__main__':
    x = input('请输入一个实数:')
    x = eval(x)
    print(calc_y(x))
```

68.

```
import turtle as t              #导入turtle扩展库并起别名t

t.pensize(2)                    #设置画笔的粗细为2像素
t.pu()                          #提起画笔
t.goto(-50, -50)                #将海龟移动到绝对坐标(-50, -50)
t.pd()                          #放下画笔
for i in range(3):
    t.fd(100)                   #将海龟向前移动100像素
    t.left(120)                 #将海龟逆时针旋转120°
t.ht()                          #使海龟不可见
```

69.

```
import turtle as t              #导入turtle扩展库并起别名t

t.pensize(2)                    #设置画笔的粗细为2像素
t.setup(500, 400)               #设置绘图窗口的长度和宽度分别为500像素和400像素
t.pu()                          #提起画笔
t.goto(-50, -50)                #将海龟移动到绝对坐标(-50, -50)
t.pd()                          #放下画笔
for i in range(3):
    t.fd(100)                   #将海龟向前移动100像素
    t.lt(90)                    #将海龟向逆时针转90°
t.fd(100)                       #将海龟向前移动100像素
t.hideturtle()                  #使海龟不可见
```

70.

```
f = eval(input("请输入一个华氏温度:"))
c = 5 / 9 * (f - 32)
print("摄氏温度为:%.2f" % c)
```

71.

```
def score_transform(num):
```

```python
    if num >= 90:
        return 'A'
    elif num >= 80:
        return 'B'
    elif num >= 70:
        return 'C'
    elif num >= 60:
        return 'D'
    else:
        return 'E'

if __name__ == '__main__':
    while True:
        score = eval(input("Please enter score of student:"))
        if score > 100 or score < 0:
            print("Data error, try again".center(40, '*'))
            continue
        break
    result = score_transform(score)
    print("Grade is:", result)
```

72.

```python
num = input("输入一个整数(0 ~ 9999):")
num_list = list(num)
print("它是一个 %d 位数" % len(num))

for digit in num_list:
    print(digit)
print("原顺序:", ' '.join(num_list))
print("逆顺序:", ' '.join(num_list[::-1]))
```

73.

```python
a = int(input("输入第 1 个整数:"))
b = int(input("输入第 2 个整数:"))
c = int(input("输入第 3 个整数:"))
d = int(input("输入第 4 个整数:"))

if a > b:
    a, b = b, a
if a > c:
    a, c = c, a
if a > d:
    a, d = d, a
if b > c:
```

```
        b, c = c, b
    if b > d:
        b, d = d, b
    if c > d:
        c, d = d, c
print("从小到大的排序结果:", a, b, c, d)
```

74.

```
m = int(input("请输入第 1 个正整数:"))
n = int(input("请输入第 2 个正整数:"))
gcd = 1                              #最大公约数(Greatest Common Divisor)
lcm = 1                              #最小公倍数(Least Common Multiple)
for i in range(min(m, n), 0, -1):
    if m % i == 0 and n % i == 0:
        gcd = i
        break
lcm = m * n / gcd
print("最大公约数:", gcd)
print("最小公倍数:", int(lcm))
```

75.

```
for num in range(100, 1000):
    ge = num % 10
    shi = num // 10 % 10
    bai = num // 100
    cubic_sum = ge**3 + shi**3 + bai**3
    if cubic_sum == num:
        print(num)
```

76.

```
def get_factors_sum(num):
    sum = 1
    for i in range(2, num):
        if num % i == 0:
            sum += i
    return sum


def get_factors(num):
    lst = ['1']
    for i in range(2, num):
        if num % i == 0:
            lst.append(str(i))
    return lst
```

```
for num in range(2, 100):
    if num == get_factors_sum(num):
        print("%d 的因子是" % num, end='')
        factors_list = get_factors(num)
        print(", ".join(factors_list))
```

77.

```
import math

def calc_area(a, b, c):
    s = 1 / 2 * (a + b + c)
    return math.sqrt(s * (s - a) * (s - b) * (s - c))

if __name__ == '__main__':
    a = eval(input("请输入边长 a:"))
    b = eval(input("请输入边长 b:"))
    c = eval(input("请输入边长 c:"))
    if a + b > c and a + c > b and b + c > a:
        area = calc_area(a, b, c)
        print("面积为{:.2f}".format(area))
    else:
        print("不能组成三角形!")
```

78. `print(a.shape)`

79. `a.resize((1, 2))`

或者

`a = a.reshape((1, 2))`

80. `a = np.ones((3, 2))`

81.

```
>>> dt = {'col1': [0, 1], 'col2': [3, 6]}
>>> df = pd.DataFrame(dt)
>>> df
   col1  col2
0     0     3
1     1     6
```

82.

```
>>> lt = [[2, 3], [4, 1]]
>>> df = pd.DataFrame(lt)
>>> df.columns = ['c1', 'c2']
>>> df
```

```
      c1  c2
0     2   3
1     4   1
```

83.

```
>>> import numpy as np
>>> a = np.linspace(0, 10, 5)
>>> a
array([ 0. ,  2.5,  5. ,  7.5, 10. ])
```

84.

```
>>> dt = {"zhang":88, "wang":90, "li":90, "sun":88}
>>> lt = list(dt.items())
>>> lt.sort(key=lambda x: x[0], reverse=True)
>>> lt
[('zhang', 88), ('wang', 90), ('sun', 88), ('li', 90)]
>>> lt.sort(key=lambda x: x[1])
>>> lt
[('zhang', 88), ('sun', 88), ('wang', 90), ('li', 90)]
```

85.

```
>>> import numpy as np
>>> X = np.array([[1, 5, 2], [2, 3, 2], [2, 4, 3], [4, 1, 7]])
>>> X
array([[1, 5, 2],
       [2, 3, 2],
       [2, 4, 3],
       [4, 1, 7]])
>>> y = np.array([0, 1, 1, 0])
>>> y
array([0, 1, 1, 0])
>>> X[:, (1, 2)][y==0]
array([[5, 2],
       [1, 7]])
```

86.

```
>>> del df['weekday']
```

或者

```
>>> df.pop('weekday')
```

或者

```
df.drop(['weekday'], axis=1, inplace=True)
```

或者

```
>>> df.drop(columns=["weekday"], inplace=True)
```

87.

```
def fact(n):
    """ 计算 n 的阶乘 """
    if not isinstance(n, int) or n < 0:
        raise "参数 n 必须为自然数"
    if n <= 1:
        return 1
    else:
        return n * fact(n-1)
print(fact(10))
```

88.

```
lt = [0, 1]
def fib(n):
    """ 计算并返回斐波那契数列的第 n 项 """
    if not isinstance(n, int) or n <= 0:
        raise "参数 n 必须为正整数"
    if n == 1 or n == 2:
        return lt[n-1]
    else:
        lt.append(lt[n-2] + lt[n-3])
        return lt[n-1]

for i in range(1, 11):
    print(fib(i), end=" ")
```

89.

```
#第 1 行是数据, 不是列标题
>>> s = pd.read_csv('test.csv', header=None)
>>> s
   0  1
0  3  'b'
1  1  'a'
2  2  'c'
```

90.

```
def perm(lt, start, end):
    """ 对列表 lt 进行全排列, start 开始位置, end 结束位置 """
    if start == end:
        print(lt)
```

```
        else:
            for i in range(start, end+1):
                lt[start], lt[i] = lt[i], lt[start]
                perm(lt, start+1, end)
                lt[start], lt[i] = lt[i], lt[start]
numbers = [2, 1, 3]
perm(numbers, 0, 2)
```

91.

```
class Font:
    def __init__(self, color, size):
        self.color = color
        self.size = size
    def speak(self):
        return "字体颜色为" + self.color + ",字体尺寸为" + self.size
color = input()
size = input()
font = Font(color, size)
print(font.speak())
```

92.

```
import numpy as np
import matplotlib.pyplot as plt

t = np.arange(0, 5, 0.02)
y = np.exp(-t) * np.sin(2 * np.pi * t)
plt.plot(t, y, "r--", lw=2)
plt.show()
```

93.

```
>>> import numpy as np
>>> from scipy import stats
>>> a = np.array([1, 5, 2, 4, 2])
>>> np.quantile(a, 0.5)           #求中位数
2.0
>>> stats.mode(a)                 #众数为2,其出现的次数也为2
ModeResult(mode=array([2]), count=array([2]))
```

94.

```
>>> a = np.array([1, 5, 2])
>>> b = np.array([3, 2, 4])
>>> c = np.c_[a, b]
>>> c
array([[1, 3],
```

```
       [5, 2],
       [2, 4]])
```

或者

```
>>> c = np.column_stack((a, b))
>>> c
array([[1, 3],
       [5, 2],
       [2, 4]])
```

95.

```
import turtle as t

t.color("red")
t.begin_fill()
for _ in range(5):
    t.fd(150)
    t.rt(144)
t.end_fill()
t.ht()
t.done()
```

96.

```
n = int(input("输入物品的数量："))
i = 1
cnt = 0
while i <= n:
    if n % i == 0:
        cnt += 1
    i += 1
print("方案总数：", cnt)
```

97.

```
import numpy as np
import random

lt = [5, 2, 4, 7, 3]
max1 = -np.inf
max2 = -np.inf
for i in lt:
    if i > max1:
        max2 = max1
        max1 = i
    elif i > max2:
```

```
            max2 = i
print(max2)
```

98.

```
for i in range(4):
    for j in range(i+1):
        print(" * ", end=" ")
    print()
for i in range(3, 0, -1):
    for j in range(i):
        print(" * ", end=" ")
    print()
```

99.

```
lt = [5, 12, 4, 3, 11]
dt = {}
for i in lt:
    if i > 10:
        mark = "A"
    else:
        mark = "B"
    if mark in dt:
        dt[mark].append(i)
    else:
        dt[mark] = [i]
print(dt)
```

100.

```
def summary(n):
    cnt = 0
    for s in n:
        s = int(s)
        cnt += s * s
    return str(cnt)

n = input("n = ")
res = ""
lt = []
while res != '1':
    res = summary(n)
    if res in lt:
        print("No")
        break
    n = res
    lt.append(res)

if res == '1':
    print("Yes")
```

第 4 章
教材参考答案

练习题 1

1. 1991,Guido
2. 年度编程语言
3. 2.x,3.x,查看 print 的使用方式
4. IDLE 集成开发环境,pip 第三方库安装工具
5. pip3 install jieba
6. pip3 list
7. https://pypi.org

8.Python 语言成功应用于世界各地成千上万的应用业务中,包括许多大型和关键任务系统。YouTube 的一名软件架构师说:Python 对于我们的网站来说已经足够快了,它允许我们以最少的开发人员在创纪录的时间内生成可维护的特性。谷歌公司搜索质量主管彼得·诺维格说:从一开始,Python 就一直是 Google 的重要组成部分,随着系统的增长和发展,Python 仍将如此。

9. 新建一个文本文件,将其命名为 demo.py,在其中输入代码 print("Hello World!")。然后使用下面的命令对它进行编译:

```
pyinstaller -F demo.py
```

10. 通常是因为在应该使用英文字符的地方,使用了非英文字符引起的,如用中文逗号(,)代替英文逗号(,)。

练习题 2

1.
(1) abs(−5);
(2)
x = 8 + 6j
实部 x.real

虚部 x.imag

模 abs(x)

(3) round(3.1415926,3)

(4) max(1,7,4,8,10,3);min(1,7,4,8,10,3)

2.

```
s = "goodluck"
print(s[3])
print(s[-1])
```

3. "goodluck"[2:4]

4. 'god'[::-1]

5. len("Amazing");len("辉煌中国")

6. 'L' in "Hello"

7. ord("和")

8. chr(22825)

9. "good" + " " + "Luck"

10. "Good" * 3

11. lt = "1,2,3".split(',')

12. 'abcab'.count('ab')

13. 'hello:world'

14. 'a:b:c d'

15. 'dog'

16. 两种,单行注释和多行注释

17. 改变其后字符的本来意义;续行符

18. \b 退格;\n 换行符;\r 回车符;\t 水平制表符

19. 3 种,分别是字符串、列表和元组

20. dir(list)

21. 返回列表的一个副本(浅层复制)

22. lt.insert(1, 1)

23. lt.extend([2,3])

24.

```
lt = [3, 1, 2]
lt.pop()
lt.remove(1)
```

25. del lt[:3:2]

26. 不可变类型和可变类型

27. a,b = b,a

28. 两种，成员资格测试和消除重复元素

29. {1}

30.

lt = [1, 5, 2]
sorted(lt, reverse=True)
lt.sort(reverse=True)

31.

dt = {"b":3, "c":2}
list(dt)

32. hex(60)

33. 3

34. print(1, 2, 3, sep="**", end="#")

35.

dt = {"one":1, "two":2, "three":3}

(1) sorted(dt, reverse=True)

(2) sorted(dt.values())

练习题 3

1. (1) 11；(2) －1；(3) 30；(4) 2.5；(5) 2；(6) 2；(7) 16

2. divmod(5,3)

3. 5**3；pow(5,3)

4. 9

5. 11111011

6. False

7. >>> 1 or print("demo")。由于短路求值特性，导致该行代码只输出1，而不输出字符串"demo"。

8. False；因为有些浮点数在计算机内部不能精确地存储。

9.

(1) True；(2) False；(3) False；(4) False；(5) True；(6) True

10. 5；3；False

11.

(1) 4；(2) 7；(3) 3；(4) －7；(5) 3；(6) 10

12. True

13. 个位数：254 % 10；十位数：254 // 10 % 10；百位数：254 // 100

练习题 4

1.

```
#用 for 循环实现
sum = 0
for i in range(1, 101):
    sum += i
print(sum)
#用 while 循环实现
i = 1
sum = 0
while i <= 100:
    sum += i
    i += 1
print(sum)
```

2.

```
while True:
    x = input("请输入 x 的值:")
    if x in ['N', 'n']:
        break
    else:
        x = float(x)
        if x < 0:
            y = 0
        elif x < 5:
            y = x
        else:
            y = 3 * x - 5
        print("y =", y)
```

3.

```
for letter in word1:
    if letter in word2:
        print(letter)
```

4.

```
score = [70, 90, 78, 85, 97]
sum = 0
for num in score:
    sum += num
print(sum / len(score))
```

5.
```
for i in range(200, 0, -1):
    if i % 13 == 0:
        print(i)
        break
```

6.
```
for i in range(1, 101):
    if i % 7 == 0 and i % 5 != 0:
        print(i, end=' ')
```

7. 25

8.
```
lt = list(range(5, 13))
i = len(lt) - 1
while i >= 0:
    print(lt[i], end=' ')
    i -= 1
```

9. 21

10.
```
for i in range(100, 1000):
    ge = i % 10
    shi = i // 10 % 10
    bai = i // 100
    if ge**3 + shi**3 + bai**3 == i:
        print(i, end=' ')
```

11.
```
for hen in range(0, 31):
    rabbit = 30 - hen
    if 2 * hen + 4 * rabbit == 90:
        print('hen=', hen, 'rabbit=', rabbit)
```

12. 程序绘制了一个红色的五角星

13.
```
for i in range(5):
    j = 0
    while j <= i:
        print('$', end='')
        j += 1
    print()
```

14.

```
import string
lets = list(string.ascii_uppercase)          #letters字母
a = 0
for i in range(1, 6):
    b = a + i
    print(''.join(lets[a: b]))
    a = b
```

练习题 5

1. def
2. global
3. None
4. 10
5. 8
6. 15
7.
```
def prime(v):
    if v == 2:
        return "Yes"
    for i in range(2, v):
        if v % i == 0:
            return 'No'
        else:
            return 'Yes'
```

8.
```
def func(x):
    if x < 0:
        return 0
    elif x < 5:
        return x
    elif x < 10:
        return 3 * x - 5
    else:
        return 0.5 * x -2
```

9. 5
10. [3, 2, 4]

11. 将列表的前 k 个元素放到列表的末尾

12. 5

13. a：a，b：b

a：z，b：q

14.

[1, 2, 3]

15.
>>> sorted(dt, key=lambda x:dt[x])

练习题 6

1. 类是对现实世界中一些具有共同特征的事物的抽象。

2. class

3.

class Demo:
　　pass

4. 初始化实例对象

5. 实现代码重用；提高代码的可扩展性。

6. 两类，分别是类属性和实例属性；或者三类，分别是私有属性、保护属性和公共属性。

7. 继承、封装和多态

8. 当前代码所在的文件必须与模块文件 A.py 在同一文件夹下，否则需要指定绝对路径。

导入模块 A 的两种方式：from A import test 或 from A import *。

此后在代码文件中就可以直接使用 test()函数了。

9. 创建包有以下 3 个步骤：

(1) 将要打包的模块存放在同一文件夹，如 pack；

(2) 在文件夹 pack 中创建一个 __init__.py 文件；

(3) 在 __init__.py 文件中加载 pack 文件夹中包含的模块。

10.

from pack1 import my_module2
from pack1.pack2 import my_module1

11. 私有属性、保护属性和公共属性。私有属性以双下画线开头，只能在定义该属性的类中访问；保护属性以单下画线开头，在定义该属性的类及其子类中访问；公共属性在类的外部也可以访问。

12.
```
class Student:
    ''' 定义一个 Student 类 '''
    school = "tust"
    def __init__(self, name, ID, major, gender= "male"):
        self.name = name
        self.ID = ID
        self.major = major
        self.gender = gender

s1 = Student('Tom', 191021, 'Maths')
print(s1.major)
```

13.
```
class Cat:
    ''' 定义一个 Cat 类 '''
    species = 'Persian'
    def __init__(self, name, color):
        self.name = name
        self.color = color
kitty = Cat('Hua', 'White')
kitty.species = 'Egypt'
kitty.color = 'Black'
```

14.
```
class Cat:
    ''' 定义一个 Cat 类 '''
    species = 'Persian'
    def __init__(self, name, color):
        self.name = name
        self.color = color
    def info(self):
        print("小猫的名字%s,颜色%s" % (self.name, self.color))
kitty = Cat('Hua', 'White')
kitty.info()
```

15.
```
class Rectangle:
    ''' 定义一个 Rectangle 矩形类 '''
    def __init__(self, height, width):
        self.height = height
        self.width = width
    def calc_area(self):
```

```python
        return self.height * self.width
    def calc_perimeter(self):
        return 2 * self.height + 2 * self.width
```

16.

```python
import math

class Shape:
    ''' 定义一个Shape类 '''
    def __init__(self, x):
        self.x = x
    def print_area(self):
        pass

class Circle(Shape):
    ''' 定义一个Circle类 '''
    def __init__(self, radius):
        super(Circle, self).__init__(radius)
    def print_area(self):
        return math.pi * self.x * self.x

class Rectangle(Shape):
    ''' 定义一个Rectangle类 '''
    def __init__(self, width, height):
        Shape.__init__(self, width)
        self.height = height
    def print_area(self):
        return self.x * self.height

class Triangle(Shape):
    ''' 定义一个Triangle类 '''
    def __init__(self, x, y, z):
        Shape.__init__(self, x)
        self.y = y
        self.z = z
    def print_area(self):
        if self.x + self.y <= self.z:
            return '不能组成三角形!'
        elif self.x + self.z <= self.y:
            return '不能组成三角形!'
        elif self.y + self.z <= self.x:
            return '不能组成三角形!'
        s = (self.x + self.y + self.z) / 2
        return math.sqrt(s * (s - self.x) * (s - self.y) * (s - self.z))
```

```
c1 = Circle(1)
print(c1.print_area())
r1 = Rectangle(3, 4)
print(r1.print_area())
t1 = Triangle(3, 4, 5)
print(t1.print_area())
```

17.

```
class Rational:
    """ 定义一个 Rational 有理数类
    属性:分子 x, 分母 y,
    """
    def __init__(self, x = 0, y = 1):
        self.x = x
        self.y = y
    def __str__(self):
        return "%d / %d" % (self.x, self.y)
    __repr__ = __str__
    def __add__(self, other):
        return Rational(self.x * other.y + self.y * other.x, self.y * other.y)
```

18.

```
import random

lt = [random.randint(1, 10) for i in range(5)]
print(lt)
```

19.

```
import time

t1 = time.time()
for _ in range(100000000):
    pass
t2 = time.time()
print("所用时间共计:", t2 - t1)
```

练习题 7

1.

(1) 'HelloWorld'

(2) 'godgod'

(3) False

(4) 65

(5) 97

(6) 90

(7) 'a'

(8) 4

(9) 5

(10) '(4+3j)'

(11) '3'

(12) 'go'

2.

(1) 'The line king'

(2) 'the line king'

(3) 'THE LINE KING'

(4) 'The Line King'

(5) 'THE LINE KING'

3.

(1) 2

(2) True

(3) False

(4) 1

(5) −1

(6) 1

(7) 发生异常

4.

True

True

True

False

5.

(1) '****和为贵****'

(2) 'cd'

(3) 'bad idea'

(4) '-05'

6.

(1) '1=2=3'

(2) ('g', 'o', 'd')

(3) ('1', '-', '2-3')

(4) ['1', '2', '3']

(5) ['good', 'luck']

(6) ['long', 'time', 'ago']

7. "考试说明".center(10,"＋")

8. 'hello world',即 x 的值保持不变

9. "　Hello World　".strip()

练习题 8

1.

```
import re
result = re.findall(r'[a-z]+', 'yogurt at 24')
print(result)
```

2.

```
import re

txt = '''
王同学:18698064670
张同学:022-60600219
李同学:15022523916
'''
pattern = r'\d{11}'
result = re.findall(pattern, txt)
if result:
    for phone in result:
        print(phone)
```

3.

```
import re

s = "a red red flag"
pat = re.compile(r'(?P<word>\b\w+\b) \s+ (?P=word)')
result = re.search(pat, s)
if result:
    print(result.groups())
```

上述代码的输出结果：

('red',)

4.

```
import re

s = "您好!中国 2020"
pat = re.compile(r'[\u4e00-\u9fa5]')
result = re.findall(pat, s)
if result:
    print(result)
```

上述代码的输出结果：

['您', '好', '中', '国']

5. s = ' '.join(s.split())

6. 'a1bb1c'

7. '1234'

8. ['one', 'two', 'three']

9. ['a', 'b', 'c']

10. 'aff'

11. ['3', '1']

12. None

13. None

14. 010

练习题 9

1. assert

2. raise

3. Base Exception

4. 语法错误

5. 除法或模运算的第二个操作数为零

6. 先处理具体异常

7. 关闭文件、关闭数据库、关闭网络连接等

8. try-except、try-finally、try-except-finally 等

9. 单元测试模块有 unittest、nose2、pytest 等。

10.

```python
import unittest

class SumTestCase(unittest.TestCase):
    def test_sum_list(self):
        self.assertEqual(sum([1, 2, 3]), 6)
    def test_sum_tuple(self):
        self.assertEqual(sum((1, 2, 3)), 6)

if __name__ == '__main__':
    unittest.main()
```

11.

```python
class Error(Exception):
    pass
class TooSmallError(Error):
    pass
class TooLargeError(Error):
    pass

magic_number = 35
while True:
    try:
        num = int(input("输入一个整数:"))
        if num < magic_number:
            raise TooSmallError
        elif num > magic_number:
            raise TooLargeError
        break
    except TooSmallError:
        print("输入的整数太小,请再试一次!")
        print()
    except TooLargeError:
        print("输入的整数太大,请再试一次!")
        print()
print("恭喜!你猜对了。")
```

12. 输入的不是整数,请再次输入!

练习题 10

1.

1) flush()

2) open()

3) with

2. 文本文件和二进制文件

3.

1) 打开文件并返回一个文件对象或句柄(Handler);

2) 使用该句柄执行读写操作;

3) 关闭该句柄。

4. 3 种,分别是只写模式 w、独占写模式 x 和追加写模式 a

w:指定的文件不存在时,创建新文件;否则清空该文件

x:指定的文件不存在时,创建新文件;否则抛出异常

a:指定的文件不存在时,创建新文件;否则在其末尾追加内容

5. 使用 with 语句

```
with open("test.txt") as fh:
    pass
```

6. 在默认情况下为 rt,也就是以只读模式打开一个文本文件。

7.

tell()函数
```
f = open("test.txt")
print(f.tell())
f.close()
```

8.

```
f = open("test.txt")
f.seek(10, 0)
f.close()
```

9.

```
f = open("test.txt")
f.read(5)
f.close()
```

10. 第一种方式:

```
with open("test.txt") as fh:     #fh = file handler
    for line in fh:
        print(line, end="")
```

第二种方式:

```
with open("test.txt") as fh:     #fh = file handler
    for line in fh.readlines():   #不推荐使用
```

```
        print(line, end="")
```

11. 文件对象的常用属性有 3 个,分别是 closed、mode 和 name

12.

```
with open("test.txt", encoding='utf-8'):
    pass
```

通常,不同平台下的默认编码不一样,如 Windows 系统和 Linux 系统,这样做可以防止出现乱码问题。

13. read()、readline() 和 readlines() 3 种方法

14.

```
import os
for dir_name, subdir_list, file_list in os.walk('2022'):
    print("当前文件夹:", dir_name)
    if subdir_list:
        print("当前文件夹的子文件夹列表:")
        for subdir in subdir_list:
            print("\t", subdir)
    if file_list:
        print("当前文件夹的文件列表:")
        for file_name in file_list:
            print("\t", file_name)
```

15.

```
from tempfile import TemporaryFile

fp = TemporaryFile('wt+')
fp.write('伟大的中国梦')
fp.seek(0)
data = fp.read()
print(data)
fp.close()
```

16.

```
s = 'Hello World\n 文本文件的第二行.\n 文本文件的第三行.'
with open('sample.txt', 'w') as fp:
    fp.write(s)
```

17.

```
with open('sample.txt') as fp:
    result = [0, '']
    for line in fp:
        length = len(line)
```

```
            if length > result[0]:
                result = [length, line]
print(result)
```

18.

```
import pickle

lt = [1, 0.5, "不忘初心,牢记使命!", [1, 2, 3]]
with open('ex_pickle.dat', 'wb') as fp:
    try:
        pickle.dump(len(lt), fp)
        for i in range(len(lt)):
            pickle.dump(lt[i], fp)
    except:
        print('写文件时发生异常!')
```

19. 使用 isdir() 函数能判断某一路径是否为目录：

```
>>> import os
>>> os.path.isdir("temp")
```

如果 temp 为文件夹，则上述代码的返回值为 True，否则为 False。

20.

```
>>> import os
>>> os.path.join(r"temp\2022", "demo.py")
'temp\\2022\\demo.py'
```

21. os.mkdir() 函数用于创建单个子目录；os.makedirs() 函数不仅能创建单个子目录，还能创建多级目录，包括中间目录。

练习题 11

1. 数据库是按一定格式存储的、有组织的、可共享的、长期存储在计算机中的大量数据的集合。

2. sqlite3

导入方法为 import sqlite3

3. SQL(Structured Query Language)是结构化查询语言

4. 通常包括 5 个步骤：创建 connection；获取 cursor；执行相关操作；关闭 cursor；关闭 connection

5. 增加 insert into、删除 delete、修改 update、查找 select

6. 数据库连接对象支持的方法有 cursor()、commit()、close()；属性有 total_changes、in_transaction、isolation_level

游标对象支持的方法有 execute()、fetchone()、close()；属性有 lastrowid、description、rowcount

7. 第一小题

```
import sqlite3

conn = sqlite3.connect(r'D:\student.db')
cursor = conn.cursor()
create_info_table = """
CREATE TABLE IF NOT EXISTS info
(ID INTEGER PRIMARY KEY NOT NULL,
Name TEXT NOT NULL,
Score INTEGER NOT NULL,
Rank INTEGER NOT NULL);
"""
cursor.execute(create_info_table)
conn.commit()
conn.close()
```

第二小题

```
import sqlite3

conn = sqlite3.connect(r'D:\student.db')
cursor = conn.cursor()
cursor.execute("INSERT INTO info(ID, Name, Score, Rank) VALUES(202001, '王力', 90, 2)")
cursor.execute("INSERT INTO info(ID, Name, Score, Rank) VALUES(202002, '王浩', 59, 4)")
cursor.execute("INSERT INTO info(ID, Name, Score, Rank) VALUES(202003, '李丽', 95, 1)")
cursor.execute("INSERT INTO info(ID, Name, Score, Rank) VALUES(202004, '王慧', 0, 5)")
cursor.execute("INSERT INTO info(ID, Name, Score, Rank) VALUES(202005, '李华', 75, 3)")
conn.commit()
conn.close()
```

第三小题

```
import sqlite3

conn = sqlite3.connect(r'D:\student.db')
cursor = conn.cursor()
select_name = """
SELECT Name FROM info
```

```
WHERE Score < 60;
"""
result = conn.execute(select_name)
for item in result:
    print(item)
conn.close()
```

第四小题

```
import sqlite3

conn = sqlite3.connect(r'D:\student.db')
cursor = conn.cursor()
select_all = """
SELECT * FROM info
#降序 Descending Order,默认升序 ASC(Ascending Order)
ORDER BY Score DESC;
"""
result = conn.execute(select_all)
for item in result:
    print(item)
conn.close()
```

练习题 12

1. import tkinter as tk

2.
```
from tkinter import *
root = Tk()
root.title("欢迎您!")
root.mainloop()
```

3. Label、Button、Text、Canvas、Frame

4. Label、Text、Entry

5. 像素、厘米 c、毫米 m、英寸 i、打印机的点 p

6. 方法一：使用字符串指定十六进制数字中 RGB 的比例，比如"♯fff"表示白色,"♯000000"表示黑色,"♯000fff000"表示纯绿色。

方法二：使用任何本地定义的标准颜色名称,如"white""black""red"。

7. 3 种尺寸属性 height、width、borderwidth；3 种颜色属性 background、foreground、activebackground

8. ("隶书"，14，"bold italic")

9. 属性名为：anchor；参照点为：N、W、S、E、CENTER(默认值)

10. 属性名为：relief；可以取值：SUNKEN、RAISED、RIDGE、GROOVE。
11. 属性名为：bitmap；位图名称有：error、hourglass、info
12. 属性名为：cursor；光标形状名称有：arrow、circle、clock
13. 3 种，分别是 pack、grid 和 place
14.

```python
from tkinter import *

root = Tk()
btn1 = Button(root, text='(0, 0)', width=10)
btn1.grid(row=0, column=0)
btn2 = Button(root, text='(0, 1)', width=10)
btn2.grid(row=0, column=1)
btn3 = Button(root, text='(1, 0)', width=10)
btn3.grid(row=1, column=0)
btn4 = Button(root, text='(1, 1)', width=10)
btn4.grid(row=1, column=1)
root.mainloop()
```

15.

```python
from tkinter import *

def print_hello(event):
    txt.insert(END, "Hello\n")

root = Tk()
btn = Button(root, text="Hello", width=20)
btn.pack(pady=5)
btn.bind("<Alt-Button-1>", print_hello)
txt = Text(root, width=20, height=5)
txt.pack()
root.mainloop()
```

16.

```python
from tkinter import *
from tkinter import messagebox
def validate():
    if user.get() == 'admin' and password.get() == '1234':
        messagebox.showinfo("恭喜", "登录成功")
    else:
        messagebox.showerror("遗憾", "登录失败")

root = Tk()
top_canvas = Canvas(root)
```

```
Label(top_canvas, text="用户名:", width=6).pack(side=LEFT)
user = Entry(top_canvas)
user.pack(side=LEFT)
user.focus_set()
top_canvas.pack(anchor=N, expand=YES, fill=X, padx=5, pady=5)
middle_canvas = Canvas(root)
Label(middle_canvas, text="密码:", width=6).pack(side=LEFT)
password = Entry(middle_canvas, show="*")
password.pack(side=LEFT)
middle_canvas.pack(anchor=N, expand=YES, fill=X, padx=5, pady=5)
bottom_canvas = Canvas(root)
Button(bottom_canvas, text="提交", width=10, command=validate).pack()
bottom_canvas.pack(anchor=N, expand=YES, fill=X, padx=5, pady=5)
root.mainloop()
```

练习题 13

1. 集合是可迭代对象：

```
>>> for num in {1, 5, 2}:
        print(num)
```

上述代码的输出结果：

```
1
2
5
```

字典是可迭代对象：

```
>>> dt = {'a':1, 'b':2}
>>> for k, v in dt.items():
        print(k, '=>', v)
```

上述代码的输出结果：

```
b => 2
a => 1
```

文件也是可迭代对象：

```
>>> fp = open('test.txt', 'w+')           #以读写方式打开一个文本文件
>>> fp.write("文本文件的第一行\n")         #写入第一行
9
>>> fp.write("文本文件的第二行\n")         #写入第二行
9
>>> fp.seek(0)                            #将文件指针移到文件头
```

```
    0
>>> for line in fp:                          #依次读取文件的每一行
    print(line, end='')
```

上述代码的输出结果：

文本文件的第一行
文本文件的第二行
```
>>> fp.close()                               #关闭文件
```

2. dir(__builtins__)

3. 25

4. ['good', True]

5.
```
>>> lt = [1, 2, 3]
>>> list(map(str, lt))
```

6. `>>> list(range(10, 60, 10))`

7.
```
>>> from functools import reduce
>>> reduce(lambda x, y: x * y, [1, 2, 3, 4, 5])
```

8.
```
>>> a = ['one', 'two']
>>> b = [1, 2]
>>> dict(zip(a, b))
```

9.
```
>>> weekday = ['Mon', 'Tue', 'Wed', 'Thu', 'Fri']
>>> for count, day in enumerate(weekday, 1):
    print(count, day)
```

10. `'++hello++--world--'`

11. 将iter()函数作用于可迭代对象就能得到一个迭代器。

12.
```
>>> tu = (1, 5, 2)
>>> iter_tu = iter(tu)                       #迭代器 iter_tu
>>> for n in iter_tu:
    print(n)
```

13. 联系：

将iter()函数作用于可迭代对象，就得到一个迭代器。生成器是一种特殊的迭代器。

区别：

迭代器一定是可迭代的；可迭代对象不一定是迭代器。迭代器是一次性；可迭代对象能执行无数次的迭代循环。迭代器与生成器一样，都是惰性求值的，占用内存少，而且运行速度快。

14.
```
>>> def gen_fib(n):
    i, a, b = 0, 0, 1
    while i < n:
        yield b
        a, b = b, a+b
        i += 1
>>> gen = gen_fib(5)
>>> next(gen)
1
>>> next(gen)
1
>>> next(gen)
2
>>> next(gen)
3
>>> next(gen)
5
>>> next(gen)
Traceback (most recent call last):
  File "<pyshell#39>", line 1, in <module>
    next(gen)
StopIteration
```

15.
```
import time as t

main_list = list(range(10000000))
t1 = t.time()
lt = [each**2 for each in main_list]
t2 = t.time()
gen = (each**2 for each in main_list)
t3 = t.time()
print("列表所用时间：", t2 - t1)
print("生成器所用时间：", t3 - t2)
```

练习题 14

1. np.sign(-5) = -1

2. a.shape

3. a.reshape(-1, 3)

4.

```
>>> a = np.zeros((2, 3))
>>> a
array([[0., 0., 0.],
       [0., 0., 0.]])
```

5.

```
>>> tu = (1, 5, 2)
>>> a = np.array(tu)
>>> a
array([1, 5, 2])
```

6. >>> a = np.linspace(0, 1, 100)

7.

```
>>> a = [1, 5, 7, 4, 2]
>>> a = np.array(a)
>>> np.argmax(a)
2
```

8.

```
>>> a = np.arange(10, 30, 5)
>>> a
array([10, 15, 20, 25])
```

由上述代码的执行结果可知：数组 a 中元素的总数为 4，这些元素的值分别为 10、15、20 和 25。

9.

```
>>> np.mean(a, axis=1)
array([0.5, 2.5, 4.5])
```

10.

```
>>> a = np.random.randint(0, 10, size=(3, 3))
>>> a
array([[1, 0, 1],
       [3, 5, 2],
       [3, 0, 4]])
```

说明：元素的值只要在[0，10)范围内即可。

11.

```
>>> a
array([[1, 1],
       [0, 1]])
>>> b
array([[2, 0],
       [3, 4]])
>>> a.dot(b)
array([[5, 4],
       [3, 4]])
>>> a @ b
array([[5, 4],
       [3, 4]])
```

12. a[-1] = 4

13.

```
>>> a
array([[1, 5, 2],
       [2, 4, 3],
       [0, 2, 1]])
>>> a[:, 1]
array([5, 4, 2])
```

14.

```
>>> a = np.array([1, 5, 2])
>>> b = np.array([2, 4, 1])
>>> c = np.c_[a, b]
```

15. coo_matrix( )函数

16.

```
>>> from scipy.sparse import *
>>> m = coo_matrix([[1, 2, 0], [0, 0, 3], [4, 0, 5]])
>>> m.todense()
```

17. 序列 Series 和数据框架 DataFrame

18.

```
>>> import pandas as pd
>>> dt = {"b":3, "a":1, "c":2}
>>> s = pd.Series(dt)
>>> s
b    3
a    1
```

```
c    2
dtype: int64
```

19.

```
>>> a = np.array([1, 5, 2])
>>> s = pd.Series(a, index=["a", "b", "c"])
>>> s
a    1
b    5
c    2
dtype: int32
```

20.

```
>>> dt = {"col1":[0, 1, 5], "col2":[3, 6, 7]}
>>> df = pd.DataFrame(dt)
>>> df
   col1  col2
0    0     3
1    1     6
2    5     7
```

21.

```
>>> df.shape
(3, 2)
```

22.

```
>>> dt = {"note":[2, 1], "weekday":["Mon", "Tue"]}
>>> df = pd.DataFrame(dt)
>>> df
   note weekday
0    2     Mon
1    1     Tue
>>> df.drop(["weekday"], axis=1, inplace=True)
>>> df
   note
0    2
1    1
```

23. array([1. , 1.2, 1. , 1.2])

24.

```
>>> import numpy as np
>>> import pandas as pd
>>> import matplotlib.pyplot as plt
```

```
>>> x = np.linspace(-8, 0, 20)
>>> y = np.linspace(-4, 10, 20)
>>> x, y = np.meshgrid(x, y)
>>> plt.scatter(x.ravel(), y.ravel())
>>> plt.show()
```

第 5 章

全国计算机等级考试二级 Python 语言程序设计考试大纲(2023 年版)

基本要求

1. 掌握 Python 语言的基本语法规则。
2. 掌握不少于 3 个基本的 Python 标准库。
3. 掌握不少于 3 个 Python 第三方库,掌握获取并安装第三方库的方法。
4. 能够阅读和分析 Python 程序。
5. 熟练使用 IDLE 开发环境,能够将脚本程序转变为可执行程序。
6. 了解 Python 计算生态在以下方面(不限于)的主要第三方库名称:网络爬虫、数据分析、数据可视化、机器学习、Web 开发等。

考试内容

一、Python 语言基本语法元素

1. 程序的基本语法元素:程序的格式框架、缩进、注释、变量、命名、保留字、连接符、数据类型、赋值语句、引用。
2. 基本输入输出函数:input()、eval()、print()。
3. 源程序的书写风格。
4. Python 语言的特点。

二、基本数据类型

1. 数字类型:整数类型、浮点数类型和复数类型。
2. 数字类型的运算:数值运算操作符、数值运算函数。
3. 真假无:True、False、None。
4. 字符串类型及格式化:索引、切片、基本的 format()格式化方法。
5. 字符串类型的操作:字符串操作符、操作函数和操作方法。
6. 类型判断合类型间转换。
7. 逻辑运算和比较运算。

三、程序的控制结构

1. 程序的三种控制结构。

2. 程序的分支结构：单分支结构、二分支结构、多分支结构。

3. 程序的循环结构：遍历循环、条件循环。

4. 程序的循环控制：break 和 continue。

5. 程序的异常处理：try-except 及异常处理类型。

四、函数和代码复用

1. 函数的定义和使用。

2. 函数的参数传递：可选参数传递、参数名称传递、函数的返回值。

3. 变量的作用域：局部变量和全局变量。

4. 函数递归的定义和使用。

五、组合数据类型

1. 组合数据类型的基本概念。

2. 列表类型：创建、索引、切片。

3. 列表类型的操作：操作符、操作函数和操作方法。

4. 集合类型：创建。

5. 集合类型的操作：操作符、操作函数和操作方法。

6. 字典类型：创建、索引。

7. 字典类型的操作：操作符、操作函数和操作方法。

六、文件和数据格式化

1. 文件的使用：文件打开、读写和关闭。

2. 数据组织的维度：一维数据和二维数据。

3. 一维数据的处理：表示、存储和处理。

4. 二维数据的处理：表示、存储和处理。

5. 采用 CSV 格式对一二维数据文件的读写。

七、Python 程序设计方法

1. 过程式编程方法。

2. 函数式编程方法。

3. 生态式编程方法。

4. 递归计算方法。

八、Python 计算生态

1. 标准库的使用：turtle 库、random 库、time 库。

2. 基本的 Python 内置函数。

3. 利用 pip 工具的第三方库安装方法。

4. 第三方库的使用：jieba 库、PyInstaller 库、基本 NumPy 库。

5. 更广泛的 Python 计算生态，只要求了解第三方库的名称，不限于以下领域：网络爬虫、数据分析、文本处理、数据可视化、用户图形界面、机器学习、Web 开发、游戏开发等。

考试方式

上机考试，考试时长 120 分钟，满分 100 分。

1. 题型及分值

单项选择题 40 分(含公共基础知识部分[①] 10 分)。

操作题 60 分(包括基本编程题和综合编程题)。

2. 考试环境

Windows7 操作系统,建议 Python3.5.3 至 Python3.9.10 版本,IDLE 开发环境。

[①] 公共基础知识部分内容详见高等教育出版社出版的《全国计算机等级考试二级教程——公共基础知识》。

附录 编程规范

程序最终是要给人阅读的。当对代码进行维护、升级,抑或代码被别的程序员用来学习时,代码的格式规范、可读性强就显得十分重要。晦涩难懂、格式凌乱的代码给别人的阅读和理解带来极大困扰。下面列出部分编程规范,希望每个 Python 编程人员都能认真阅读,并付诸实践。

- 使用 4 个空格缩进代码,而不要使用跳格键。跳格键会给代码带来混乱,最好不用。
- 及时换行,使每一行包含的字符数不超过 79 个。这样做有助于用户使用小型显示器,并使多个代码文件可以在大型显示器上并排显示。
- 使用空行分隔函数和类,以及函数内部较大的代码块。
- 如果可能,将代码及其对应的注释放在同一行。
- 使用文档字符串 docstrings。

下面代码中一对三单引号之间的内容就是文档字符串。

```
def my_function():
    ''' 这是文档字符串 '''
    pass                          #空语句,不执行任何操作
```

- 在运算符周围和逗号之后使用空格,比如代码 a = f(1, 2) + g(3, 4)。
- 统一命名类和函数。惯例是对类使用骆驼式(CamelCase)命名规则,比如类名 ClassName。对函数和方法则使用带下画线的小写字母或单词命名,如函数名 add_trick()。始终将 self 作为方法的第一个形参名。
- 如果您的代码打算在国际环境中使用,请使用 Python 语言默认的编码 UTF-8,甚至使用纯 ASCII 编码,因为这在任何情况下都是最有效的。

参 考 文 献

[1] 张传雷,李建荣,王辉. Python 程序设计教程[M]. 2 版. 北京：清华大学出版社,2023.
[2] 王辉，张中伟. Python 实验指导与习题集[M]. 北京：清华大学出版社,2020.
[3] 嵩天. 全国计算机等级考试二级教程[M]. 北京：高等教育出版社,2018.
[4] 董付国. Python 可以这样学[M]. 北京：清华大学出版社,2017.
[5] 杨佩璐，宋强. Python 宝典[M]. 北京：电子工业出版社,2014.
[6] 黄天羽,李芬芬. 高教版 Python 语言程序设计冲刺试卷(含线上题库)[M]. 2 版. 北京：高等教育出版社,2018.